高等职业教育新形态一体化教材

全国计算机等级考试 MS Office 应用推荐教材

大学计算机基础实验与实训教程

（第2版）

主　编　董其维　王　宏

副主编　谢倪红　何卫华

　　　　刘　麟　陈梦茹

西南交通大学出版社

·成　都·

图书在版编目（ＣＩＰ）数据

大学计算机基础实验与实训教程 / 董其维，王宏主编. —2 版. —成都：西南交通大学出版社，2020.8（2024.6 重印）

ISBN 978-7-5643-7516-4

Ⅰ . ①大… Ⅱ . ①董… ②王… Ⅲ . ①电子计算机－高等学校－教材 Ⅳ . ①TP3

中国版本图书馆 CIP 数据核字（2020）第 136012 号

Daxue Jisuanji Jichu Shiyan yu Shixun Jiaocheng

大学计算机基础实验与实训教程
（第 2 版）

主编　董其维　　王　宏

责任编辑	李华宇
封面设计	曹天擎

出版发行	西南交通大学出版社 （四川省成都市金牛区二环路北一段 111 号 　西南交通大学创新大厦 21 楼）
邮政编码	610031
发行部电话	028-87600564　028-87600533
网址	http://www.xnjdcbs.com
印刷	成都蜀通印务有限责任公司

成品尺寸	185 mm×260 mm
印张	10.75
字数	262 千
版次	2020 年 8 月第 2 版
印次	2024 年 6 月第 10 次
定价	29.50 元
书号	ISBN 978-7-5643-7516-4

课件咨询电话：028-81435775

第 2 版前言

随着现代信息技术的发展，计算机及其相关技术在人们工作、学习和社会生活的各个方面发挥着越来越重要的作用。使用计算机已经成为各行各业劳动者必备的技能，而计算机应用基础则是职业院校各专业学生必修的一门重要的文化基础公共课程。

本书面向的对象主要是高职高专学生，同时也非常适合计算机入门者进行自学。本书包含大量针对性很强的实验、技能实训以及全国计算机等级考试（一级）试题，可供参加等级考试的考生作为参考资料使用。

本书内容取材力求少而精，表达方式力求简洁明了，语言力求通俗易懂。本书的取材和编排充分考虑了自学、教学和实践的需要，实现了理论和实践的有机结合。实验内容由浅入深、层次分明，实验的目的、内容和要求简单明了，对于有难度的地方或内容都给出了相应提示。技能实训部分还提供了操作步骤。本书对读者的理论学习是一个有力的支持，同时本书也是一本锻炼动手能力的实用工具书。

2021 年起，全国计算机等级考试一级、二级相关 MS Office 科目应用软件将升级到 2016 版。因此，本书（第 2 版）以操作系统 Windows 7 和 Office 2016 软件为基础进行编写，在第 1 版的基础上，结合新的考试大纲对一些内容进行了修改或补充，并对操作实例进行了更新。

本书强调基础性与实用性，突出"能力导向，学生主体"原则，采用"项目驱动"教学模式。全书共分为 4 部分：第 1 部分包含 5 个项目，每个项目又设计了若干上机实验任务，大部分实验内容可以在 2 个课时内完成；第 2 部分是技能实训，这部分内容则需要 2 个或 2 个以上的课时完成；第 3 部分是全国计算机等级考试理论题及答案与解析，可作为考生考前的学习资料，也可作为教师布置作业的参考；第 4 部分是等级考试模拟试题，适合用作考前训练。

本书包含丰富的教学资源，如微课视频、上机实验素材、技能实训素材、理论题及其答案解析、等级考试上机真题、考试大纲及指导，通过访问相应平台可以下载相关素材，通过扫描书中对应的二维码可以观看微课视频或者进行在线测试。

本书由四川机电职业技术学院董其维、王宏担任主编，谢倪红、何卫华、刘麟、陈梦茹担任副主编，具体编写分工如下：何卫华编写项目 1，王宏编写项目 2，谢倪红编写项目 3，董其维编写项目 4，刘麟编写项目 5，董其维、王宏、谢倪红、陈梦茹编写第 2 部分，王宏、刘麟编写第 3 部分、第 4 部分，全书由董其维核稿、统稿。此外，本书在编写过程中得到了四川机电职业技术学院领导、信息工程系的全体教师和西南交通大学出版社的大力支持和帮助，在此深表感谢。

由于时间仓促，编者水平和经验有限，书中难免有不足之处，恳请读者批评指正。

本书的相关素材可登录"http://xxgc.scemi.com/info/1061/2771.htm"下载。

编　者

2020 年 6 月

微课视频

第 1 版前言

随着现代信息技术的发展，计算机及其相关技术在人们工作、学习和社会生活的各个方面发挥着越来越重要的作用。使用计算机已经成为各行各业劳动者必备的技能，而计算机应用基础则是职业院校各专业学生必修的一门重要的文化基础公共课程。

本书面向的对象主要是高职高专学生，同时也非常适合计算机入门者进行自学。本书包含大量针对性很强的实验、技能实训以及全国计算机等级考试（一级）试题，可供参加等级考试的考生作为参考资料使用。

本书内容取材力求少而精，表达方式力求简洁明了，语言力求通俗易懂。本书的取材和编排充分考虑了自学、教学和实践的需要，实现了理论和实践的有机结合。实验内容由浅入深、层次分明，实验的目的、内容和要求简单明了，对于有难度的地方或内容都给出了相应提示。技能实训部分还提供了操作步骤。本书对读者的理论学习是一个有力的支持，同时本书也是一本锻炼动手能力的实用工具书。

本书以目前最为普及的操作系统 Windows 7 和 Office 2010 软件为基础进行编写，强调基础性与实用性，突出"能力导向，学生主体"原则，采用"项目驱动"教学模式。全书共分为 4 部分：第 1 部分包含 5 个项目，每个项目又设计了若干上机实验任务，大部分实验内容可以在 2 个课时内完成；第 2 部分是技能实训，这部分内容则需要 2 个或 2 个以上的课时完成；第 3 部分是全国计算机等级考试理论题及答案与解析，可作为考生考前的学习资料，也可作为教师布置作业的参考；第 4 部分是等级考试模拟试题，适合用作考前训练。

本书由董其维、刘晓英主编，谢倪红、王宏、何卫华、刘松青、汪涛为副主编，编写分工如下：何卫华编写了项目 1，王宏编写了项目 2，谢倪红编写了项目 3，董其维编写了项目 4，刘松青编写了项目 5，刘晓英、王宏、谢倪红、李永涛编写了第 2 部分，刘晓英、汪涛编写了第 3 部分、第 4 部分，全书由刘松青核稿、统稿。此外，本书编写得到了四川机电职业技术学院领导、信息工程系的全体教师和西南交通大学出版社的大力支持和帮助，在此深表感谢。

由于时间仓促，编者水平和经验有限，书中难免有欠妥和错误之处，恳请读者批评指正。本书的相关素材可登录"http://xxgc.scemi.com/info/1061/2771.htm"下载。

编　者
2016 年 6 月

目　录

第 1 部分　上机实验

第 2 部分　技能实训

第3部分　全国计算机等级考试（一级）理论题及答案与解析

第4部分　全国计算机等级考试模拟试题

上机实验

项目1 数字化校园应用

四川机电职业技术学院已建成规模较大、技术较为先进的以万兆为核心、千兆为主干、百兆到桌面的校园基础网络：校内网络节点数目超过 10 000 个，实现了各个校区之间、学院与攀钢集团之间的网络互联；学院建立了学院网站和精品课程网站，各类二级网站的个数已经达 22 个；在精品课程建设方面，配备有精品课程录制和课程制作系统；校园网提供 Web（网络）、DNS（域名系统）、FTP（文件传输协议）、维普资讯、超星图书馆等网络基础服务及资源。

学院以创建国家骨干高等职业院校为契机，于 2010 年制定了《数字化校园建设总体方案》，确定了数字化校园的建设目标和建设内容。2012 年，学院实施数字化校园建设项目。该项目核心软件系统采用了杭州某软件公司的数字化校园解决方案，利用数据中心实现各信息系统的数据交换和共享，便于各种信息系统的集成，消除信息孤岛现象；通过统一认证和统一门户系统实现各种信息系统的统一认证和单点登录，最终构建以用户为中心的校园网应用环境；完成了教务管理系统、招生就业管理系统、迎新管理系统、学生离校管理系统、学生收费管理系统、校园一卡通系统和网络课程管理系统等的部署与应用。

通过数字化校园建设项目，学院构建了数字化校园基本应用框架，从而使学院在创建国家骨干高等职业院校的过程中，能够通过系统集成的方式，将共享型校企人力资源开发平台的应用不断地融合到数字化校园系统中，从而大幅提高学院信息化管理和应用水平。2015 年，学院数字化校园平台经过 4 年的建设也顺利通过了教育部验收。

数字化校园平台不仅能够提供学历教育类数字化资源、行业培训和企业特色教育类数字化资源，而且能够提供教学资源的制作和管理服务。用户通过网络可实现检索、浏览、下载等功能，满足学生、企业员工在线学习、远程培训等需要。数字化校园平台为教师和学生打造了一个快捷、方便的教学、学习平台。

通过数字化校园，教师可以完成教学任务的查询、网络教学组织、实验作业的收取、学生成绩的录入与分析等应用；学生可以完成个人信息的查询、期末成绩查询、统一考试的报名等应用。熟练掌握数字化校园，是每一位教师和学生的必要技能。

本项目共有 3 个学习任务，主要目的是让学生熟悉和掌握数字化校园的基本操作。

任务 1　访问和使用数字化校园

（1）掌握数字化校园的登录方法。

（2）掌握学生成绩的查询方法。

（3）掌握重修考试、英语等级考试等网上报名的方法。

1. 登录数字化校园

（1）打开学院官网。

在 IE 浏览器地址栏中输入网址"http://www.scemi.com"，进入四川机电职业技术学院官网，如图 1.1.1 所示。

图 1.1.1　学院官网截图

（2）打开数字化校园登录界面。

拖动进度条至网站中下部，点击网站右侧快速通道"数字化校园"，如图 1.1.2 所示，进入数字化校园登录界面，如图 1.1.3 所示。

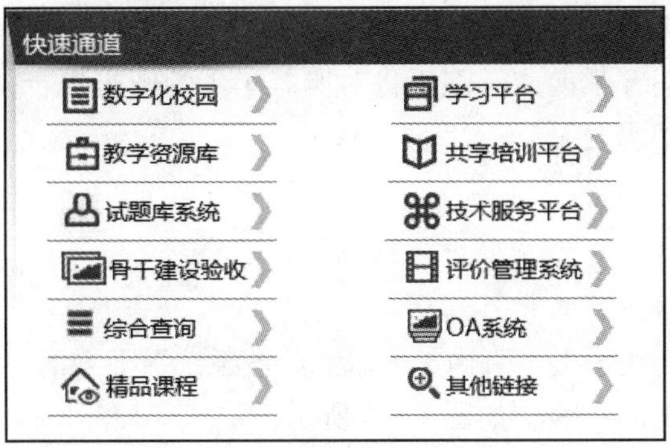

图 1.1.2　快速通道

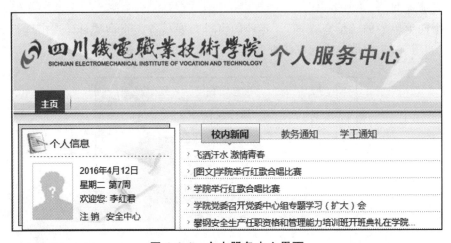

图 1.1.3　数字化校园登录界面

（3）登录数字化校园。

在数字化校园登录界面，输入用户名和密码（用户名为学号，初始密码为身份证号码后6位），点击"登录"，即可进入数字化校园个人服务中心，如图 1.1.4 所示。

图 1.1.4　个人服务中心界面

通常情况下，用户名为学生的学号，初始密码是学生身份证号码后 6 位。为方便学生登录数字化校园，每个学期开学前，学院都将对所有学生的密码进行初始化，所以学生在每学期开始后，请使用初始密码登录。

2. 学生成绩查询

（1）进入教务管理系统。

登录数字化校园后，在个人主页内，点击"业务系统"下方的"教务"，如图 1.1.5 所示，此时将弹出教务管理系统的页面，如图 1.1.6 所示。

图 1.1.5 教务业务系统入口

图 1.1.6 教务管理系统界面

（2）成绩查询。

鼠标指向菜单栏的"信息查询"，延伸的窗口会展示各类查询项目，点击选择"学习成绩查询"，如图 1.1.7 所示，进入成绩查询选择界面，如图 1.1.8 所示。

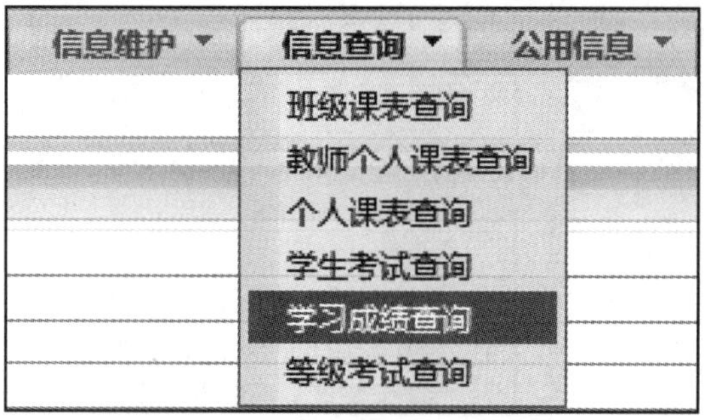

图 1.1.7 学生成绩查询入口

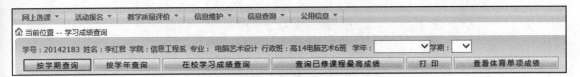

图 1.1.8　成绩查询选择界面

- 选择"学年"，点击"按学年查询"，查看特定学年的成绩。
- 选择"学期"，点击"按学期查询"，查看特定学期的成绩。
- 点击"在校学习成绩查询"，查看在校期间所有学年学期的成绩。
- 点击"查询已修课程最高成绩"，查看考过课程的成绩。
- 查询出结果后，可以点击"打印"，将查询结果输出到打印机。

3. 统一考试报名

（1）英语等级考试报名。

每个学期开学后，学院都会组织大学生英语等级考试的报名，该项报名工作，可以通过数字化校园完成。

在英语等级考试开放报名期间，需要报名的同学登录数字化校园后，点击"教务"，进入教务管理系统。点击菜单栏中的"活动报名"，选择"网上报名"，如图 1.1.9 所示，进入网上报名页面。

图 1.1.9　网上报名入口

勾选报名项目"英语"，在"请填写身份证号"后面进行填写，注意填写信息要与源信息身份证号一致，如图 1.1.10 所示。

源信息身份证号：5109211994063002■

请填写身份证号：

图 1.1.10　填写身份证号

点击"确定"，即可在下方显示所报的考试项目。

英语二级报完名后，符合条件的同学如果想参加英语三级的报名，勾选"英语三级"报名项目，方法同上。至此，网上报名操作已经完成。

（2）重修报名。

每个学期，学院都会进行重修的报名，该项报名工作，也是在数字化校园上完成的。

在重修开放报名期间，登录数字化校园后，点击"教务"，进入教务管理系统。点击菜单栏中的"网上选课"，选择"重修或补修选课"，如图 1.1.11 所示，进入重修报名页面，如图 1.1.12 所示。

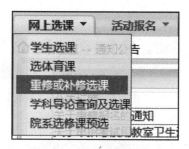

图 1.1.11　重修报名入口

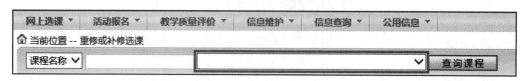

图 1.1.12　重修报名界面

在图 1.1.12 中粗线框中的下拉列表中，选择要重修的课程，然后点击右下角的"我要报名"，即可完成相应课程的重修报名。如果有多门课程需要重修，重复本步骤即可。

（3）计算机考试报名。

学院除了组织有全国计算机等级考试（NCRE）以外，还开展了全国信息技术应用培训教育工程（ITAT）和全国计算机信息高新技术考试（OSTA）的培训、考试工作。为了方便学生的报名，可以通过扫描下面的二维码，如图 1.1.13 所示，完成报名工作。

图 1.1.13　计算机考试报名二维码

任务 2 使用学习平台

学习平台是一个包括网上教学和教学辅导、网上自学、网上师生交流、网上作业、网上测试以及质量评估等多种服务在内的综合教学服务支持系统，它能为学生提供实时和非实时的教学辅导服务，帮助教师掌控各种教学活动，记录学生们的学习情况及进度，帮助学生方便地存储所需要的网上信息，或记录下创作的灵感。网络学习平台向学生提供一系列辅助学习工具，以方便学生了解自己当前的学习状况，及时对学习目标、学习计划做出调整并支持学生基于网络的学习和探索。学院学习平台包括得实学习平台和 FTP 文件系统等多个教学系统，本实验要求掌握得实学习平台和 FTP 的基本操作。

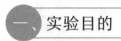

一、实验目的

（1）掌握得实学习平台的登录。
（2）掌握得实学习平台已有课程的使用。
（3）掌握得实学习平台的作业上传/下载。
（4）掌握得实学习平台的考试操作。
（5）掌握 FTP 匿名用户的登录。
（6）掌握 FTP 常用加密的验证登录。
（7）掌握 FTP 的文件下载和上传方法。

二、实验内容

1. 得实学习平台的使用

得实学习平台，是学院网络教学的主要应用平台。学生通过得实学习平台，可以登录相应的课程网站，查看教师的课程安排及内容，完成教师布置的作业。

（1）登录得实学习平台。

打开浏览器，在地址栏输入 http://edu.scemi.com，登录方式请查看"任务 1 访问和使用数字化校园"，登录后找到"学生管理"中的"学习平台"选项，如图 1.1.14 所示，点击进入。

图 1.1.14 学习平台入口

进入后来到学生的个人空间，默认显示"我学习的课程"网页，如图 1.1.15 所示。

图 1.1.15　课程查看界面

（2）课程在线查看及下载。

点击已有的课程，进入课程页面，其中包含课程访问统计和课程简介，如图 1.1.16 所示。

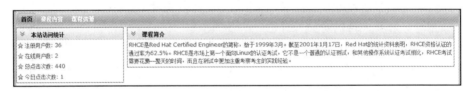

图 1.1.16　课程简介

点击"课程内容"就可查看课程的详细讲解和知识点目录，如图 1.1.17 所示。

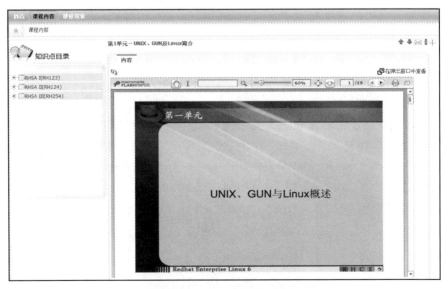

图 1.1.17　课程课件知识点

点击"课程资源"，可以查看本课程各类文档（包括课件、教案等），点击"查看"或"预览"可以在线打开文档，如图 1.1.18 所示。

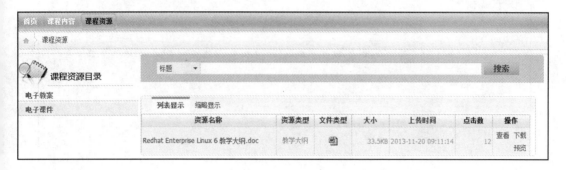

图 1.1.18　课件操作界面

点击"下载"即可用浏览器将文件下载至本地，如图 1.1.19 所示。

图 1.1.19　课程文档下载

（3）查看及上传/下载作业。

在个人学生空间页面左侧找到"待提交的作业"选项，点击后可查看到还未提交的作业，如图 1.1.20 所示。

图 1.1.20　个人作业操作界面

点击"开始做作业"，就可以在弹出的文档输入窗口进行操作，如图 1.1.21 所示。

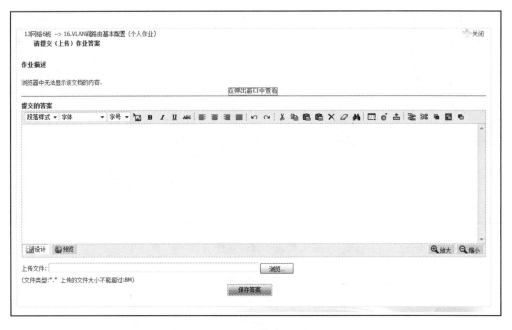

图 1.1.21　作业编辑及上交页面

点击"在弹出窗口中查看"按钮，然后再点击"保存"按钮就可以将作业文档下载到本地计算机使用，如图 1.1.22 所示。

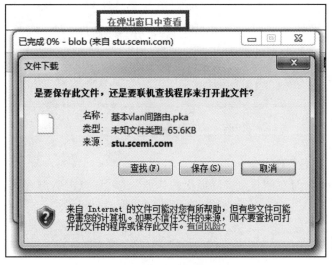

图 1.1.22　作业下载窗口

在本地计算机上完成作业后，点击作业上交功能栏的"浏览"按钮，如图 1.1.23 所示，找到放在个人指定文件夹下的作业文件，选中本地文件，如图 1.1.24 所示。

图 1.1.23　文件上传选项

图 1.1.24 本地文件选择

点击"打开"按钮后，上传功能的输入框内会显示即将上传的文件的文件名，如图 1.1.25 所示。

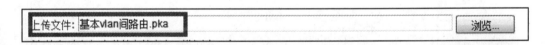

图 1.1.25 显示选中文件名

点击"保存"按钮后完成上传操作，在弹出页面中还可以点击"下载"按钮或"编辑答案"进行修改，确认作业无误后，点击"提交给老师批改"按钮，如图 1.1.26 所示。

图 1.1.26 首次提交界面

提示已经提交给老师批改，即完成了最终上交，此次上交后可下载提交的作业但无法修改，如图 1.1.27 所示。

图 1.1.27　二次提交界面

（4）考试功能的使用。

得实学习平台可以实现在线考试，方便教师随时考查学生的学习情况。

在个人学生空间页面左侧找到"待参加的考试"选项，如图 1.1.28 所示，查看即将参加的考试和考试时间，点击"开始考试"按钮，即可参加本次考试。

图 1.1.28　考试操作界面

考试页面为考生提供文档编辑窗口及详细题目，如图 1.1.29 所示。

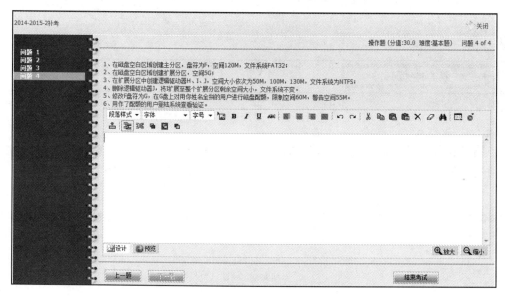

图 1.1.29　考试题目及答案编辑界面

点击"结束考试"按钮，完成考试，如图 1.1.30 所示。

图 1.1.30　结束考试操作

提交后弹出"复查"窗口，考生如果对某一题答案不确认，点击"复查"按钮返回考试界面检查和修改，完成后点击"结束考试"，提交最终考卷，如图 1.1.31 所示。

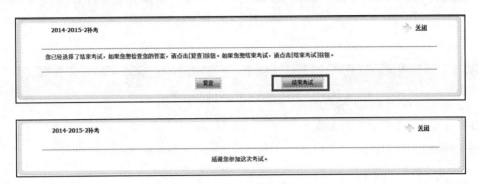

图 1.1.31 考试答案最终提交

2. FTP 的使用

FTP（File Transfer Protocol），即文件传输协议。在 FTP 的使用当中，用户经常遇到两个概念："下载"（Download）和"上传"（Upload）。"下载"文件就是从远程主机复制文件至自己的计算机上；"上传"文件就是将文件从自己的计算机中复制至远程主机上。用 Internet 语言来说，用户可通过客户机程序向/从远程主机上传/下载文件。

学院校园网为教师和学生提供了 FTP 服务，方便大家在校园网中传输文件。FTP 只能在校园网内网中使用。

（1）FTP 匿名用户的登录。

接入校园网后，对于 Windows 系统的计算机，双击"我的电脑"，打开文件资源管理器，并在文件资源管理器地址栏中输入 ftp://192.168.2.240，按下回车键，即可打开 FTP 默认界面，如图 1.1.32 所示。

图 1.1.32 在文件资源管理器中登录 FTP

或者打开 IE 浏览器，在地址栏中输入 ftp://192.168.2.240，IE 浏览器将以列表形式展示 FTP 的文件内容。根据界面中的提示，就可以在文件资源管理器中查看内容，如图 1.1.33 所示。

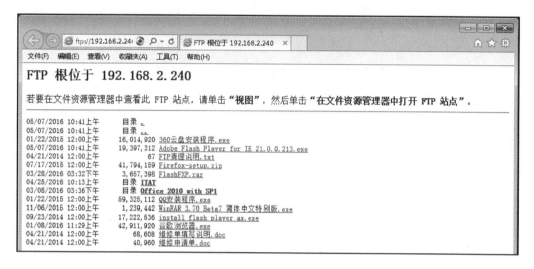

图 1.1.33　在 IE 浏览器中登录 FTP

Linux 计算机在登录时需在终端中使用 FTP 连接命令输入用户名和密码连入，连入后使用文件查看命令显示 FTP 文件内容，如图 1.1.34 所示。

图 1.1.34　Linux 主机终端登录 FTP

（2）FTP 指定文件夹的用户加密登录。

使用特有或私有文件夹的时候，在空白处单击鼠标右键，在弹出菜单中选择"登录"，如图 1.1.35 所示。

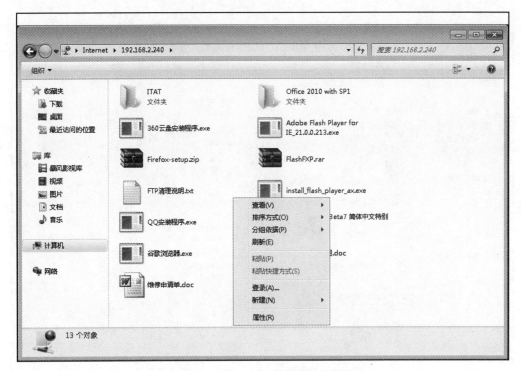

图 1.1.35　FTP 中右键菜单栏

在弹出的登录窗口中填写认证信息后进入，点击"登录"按钮，如图 1.1.36 所示。

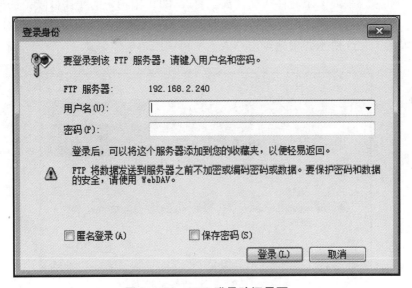

图 1.1.36　FTP 登录验证界面

（3）FTP 的文件下载与上传。

FTP 的文件不能像系统文件那样直接被打开，需要先下载到个人计算机中。在文件窗口中，选中一个或多个文件或文件夹，单击鼠标右键，选择"复制"或"复制到文件夹"，如图 1.1.37 所示，即可将选中的内容复制到指定的位置。

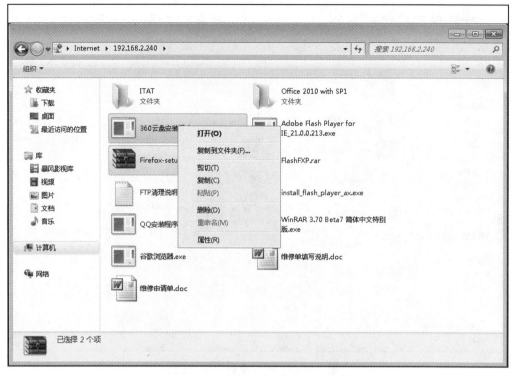

图 1.1.37　FTP 选中文件后右键菜单栏

　　上传时，复制一个或多个文件或文件夹，打开 FTP 中指定的文件目录，选择"粘贴"，即可开始上传。文件过大时，需要等待一段时间，即可完成上传。下载和上传过程有进度条显示进度，如图 1.1.38 所示，中途点击"取消"可中断传输。

图 1.1.38　FTP 传输进度条

任务 3 使用学院无线网络及账号注册

作为有线网络的延伸，无线局域网技术标准已经日趋成熟，这种网络连接方式也逐渐得到了广大用户的认可。从环境条件来讲，学院教学楼、图书馆、阶梯教室、会议室、学生宿舍等建筑的结构都是大开间的布局结构，合理布局的无线局域网几乎不受任何空间限制，完全能满足实际教学的需要。因此，学院为了方便学生课后自主学习和老师移动办公的需要，在上述区域架设了高速无线网络，实现了有线、无线网络高速互联，在校区内为师生提供高速、无缝的网络覆盖。

如果只需访问学院的内网，连接 SSID（服务集标识）为 scemi 的无线热点即可。如果需要访问互联网，还需要申请互联网上网账号，通过 Web 认证的形式访问互联网。

一、实验目的

（1）学会连入学院无线网络。
（2）注册账号，通过认证登录后访问互联网。

二、实验内容

1. 连入学院无线网络

（1）安卓智能手机设置连入无线网络。

在校园 WiFi 覆盖的区域，用安卓智能手机连接时，首先在手机主菜单页面或者下拉栏的开关中找到"设置"图标，如图 1.1.39 所示，点击"设置"。

图 1.1.39 手机主界面与下拉菜单栏中"设置"的位置

在"设置"界面中点击"WLAN",如图 1.1.40(a)所示,继续点击"WLAN"右侧的"关闭/打开"按钮,如图 1.1.40(b)所示。

（a）　　　　　　　　　　　　　　（b）

图 1.1.40　WLAN 设置选项界面

打开以后会出现很多的无线热点名称,如图 1.1.41(a)所示,点击学院的无线热点(学院 WiFi 热点名称是 scemi,密码是 20010416),在弹出的密码认证窗口中输入密码,完成连接,如图 1.1.41(b)所示。连入校园网后,就可以访问学校网站和数字化校园以及 FTP 等多种服务,使用学院内网的各种资源。如果需要访问互联网,则需申请互联网账号,在指定的页面登录账号,即可访问互联网。

（a）　　　　　　　　　　　　　　（b）

图 1.1.41　WLAN 设置与认证界面

（2）苹果智能手机访问学院无线网。

打开"设置"，进入"无线局域网"的设置界面，点击右侧的"打开/关闭"按钮，出现无线热点列表，如图 1.1.42（a）所示。点击学院的无线热点（学院 WiFi 热点名称是 scemi，密码是 20010416），在弹出的密码认证窗口中输入密码，完成连接，如图 1.1.42（b）所示。

（a）　　　　　　　　　　　（b）

图 1.1.42　WLAN 连接界面

这时，苹果智能手机会弹出互联网访问认证界面，如图 1.1.43（a）所示。由于苹果 iOS 操作系统的原因，这时手机会自动断开 WLAN 连接，使用数据连接。点击右上角的"取消"，手机会弹出对话框，选择"不连接互联网使用"，这时，就可以恢复 WLAN 连接，如图 1.1.43（b）所示。连入校园网后，就可以访问学校网站和数字化校园以及 FTP 等多种服务，使用学院内网的各种资源。如果需要访问互联网，则需申请互联网账号，在指定的页面登录账号，即可访问互联网。

（a）　　　　　　　　　　　（b）

图 1.1.43　WLAN 操作界面

2．互联网认证登录

根据中华人民共和国公安部第 82 号令发布的《互联网安全保护技术措施规定》第八条的规定：提供互联网接入服务的单位必须记录并留存用户注册信息。因此，通过校园网访问互联网，需要进行实名认证。

为方便学生申请互联网账号，学院设计了"校园网学生用户互联网账号申请表"，学生只需填写后打印出来，交到网络管理与现代教育中心即可。学院会在新生入学后 1 个月内，直接开通学生的互联网账号。

（1）下载申请表。

连入学院校园网后，如需要访问互联网，只需使用手机扫描下方二维码，或者使用 QQ 加入 QQ 群"机电无线网 439437716"，如图 1.1.44 所示。

图 1.1.44　扫描二维码与 QQ 加群

通过两种方式，均可下载校园网学生用户互联网账号申请表，如图 1.1.45 所示。

图 1.1.45　申请表下载界面

（2）填写信息完成申请。

填写申请人姓名、所在班级、学号、身份证号、移动电话号码，如图 1.1.46 所示，交至马家田校区实训大楼 A6-9 网络管理与现代教育中心进行注册。

四川机电职业技术学院 校园网学生用户互联网账号申请表			
申请人姓名		所在班级	
申请人学号		身份证号	
移动电话			

图 1.1.46　申请表填写

申请信息注册后，得到个人账号（用户名为申请人学号，密码为身份证号）。在接入校园网后，打开浏览器，在地址栏填写 http://192.168.20.3:8000，在弹出的认证界面中输入用户名和密码，即可完成实名认证。

项目 2 中文文字处理软件 Word 2016

本项目共有 7 个实验任务，主要介绍 Word 2016 文档创建、文字录入，常用模板的使用，文档排版，表格的创建和格式化，图文混排以及样式的使用。

任务 1 Word 2016 基本操作

一、实验目的

（1）掌握 Word 的启动和退出方法。
（2）掌握 Word 文档的建立、保存和打开。
（3）掌握文字、符号的录入。
（4）掌握 Word 文档的基本编辑方法。
（5）学会使用公式编辑器和形状。
（6）掌握 Office Word 2016 的搜索功能。

二、实验内容

时间：预计 30 min。

（1）在桌面上创建一个名为 file2_1.docx 的空白文档，录入如图 1.2.1 所示的文字，并在录入完毕后存盘。

飞飞的日记

今天是 2016-4-20 星期三

晚上①，我正在看电视，突然📱铃声响起，原来是我的同学 susan。她问我书中第 8 页的数学题，题目是"$1 \times 2^1 + 2 \times 2^2 + 3 \times 2^3 + 4 \times 2^4 + \cdots\cdots + 100 \times 2^n = ?$"我告诉她参照《数学辅导》和《高手指南》，并告诉她我的 E-mail 地址：feifei1688@163.Com，有事在写信给我。

图 1.2.1 录入文字

（2）重新打开 file2_1.docx 文档，按下列要求进行操作。

① 在正文第二段的"她问我书中第 8 页的数学题"后插入文字"有没有简单方法？"。

② 将正文第二段中的文字"有事在写信给我"中的"在"改为"再"。

③ 删除正文第二段的文字"《数学辅导》和"。

（3）新建一个 file2_2.docx 文档，将 file2_1.docx 文档内容插入该文档中并按以下要求进行设置。

① 将正文中所有的"她"设置为华文行楷、小三号、倾斜、红色。

② 在"《高手指南》"后插入尾注，其内容是"高等教育出版社 2015.10"。

③ 将标题段文字"飞飞的日记"设置为小一号、黑体字、加粗、红色、加单下划线，添加"白色，背景 1，深色 15%"的底纹。

④ ☺、✆ 符号分别是 wingdings2、webdings 字体。

⑤ 将正文各段设置为 1.5 倍行距、字间距为加宽 2 磅，完成后以原文件名存盘。

完成后的效果如图 1.2.2 所示。

飞 飞 的 日 记

今天是 2016-4-20 星期三

晚上 ☺，我正在看电视，突然 ✆ 铃声响起，原来是我的

同学 susan。*她*问我书中第 8 页的数学题有没有简单方法？

题目是" $1 \times 2^1 + 2 \times 2^2 + 3 \times 2^3 + 4 \times 2^4 + \cdots\cdots + 100 \times 2^n = ?$ "我

告诉 *她* 参照《高手指南》ⁱ，并告诉 *她* 我的 E-mail 地址：

feifei1688@163.Com，有事再写信给我。

─────────────────

高等教育出版社 2015.10

图 1.2.2　任务 1 样文 1

三　技能进阶

时间：预计 15 min。

打开"Word 组件安装.docx"文档，按下列要求进行操作。

（1）删除"在 Windows NT Workstation 3.51 环境下……"所在段落（不留空行）。

（2）将正文（包括标题）中的所有英文字母设置成"Impact"字体。

（3）将正文中所有"计算机"替换为隶书、三号、红色、加粗的"电脑"。

（4）将正文（包括标题）中所有的"98"设为上标。

（5）如采用 A4 纸时，将每页行数设置为 45 行，每行 39 个字符。

（6）使用公式编辑器添加公式 $\int xf(x)\mathrm{d}x = \sqrt[3]{x+3}$ 。

（7）利用【插入】选项卡中的【形状】工具（或在搜索框中输入"形状"，选择"绘制形状"工具）绘制如图 1.2.3 末尾所示的图形。

完成后的效果如图 1.2.3 所示。

安装或删除 **Word** 单个组件和 **Windows** [98] 概述

一、安装或删除 **Word** 单个组件

单击"开始"按钮，指向"设置"命令，然后单击"控制面板"命令。双击"添加/删除程序"图标。如果**电脑**中的 **Word** 是用 **Office** 安装程序安装的，则请单击"安装/卸载"选项卡上的"**Microsoft Office**"选项，然后单击"添加/删除"按钮。

二、**Windows** [98] 概述

Windows [98] 的初学者如果想要交互式的指导，请单击"开始"，指向"程序"，指向"附件"，指向"系统工具"，单击"欢迎光临 **Windows**"，单击"探索 **Windows** [98]"，然后单击"**Windows** [98] 概述"。

Windows [98] 资源管理器和 **Internet Explorer 4.0** 可将**电脑**本地资源与 **Web** 资源集成到单个视图中。

$$\int xf(x)dx = \sqrt[3]{x+3}$$

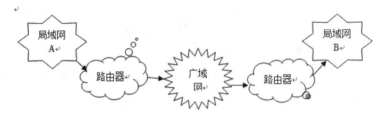

图 1.2.3　任务 1 样文 2

任务 2　Word 2016 基本排版

一、实验目的

（1）掌握字符、段落格式、项目符号和编号、边框和底纹的设置。
（2）掌握分栏、艺术字的设置。
（3）掌握页眉、页脚及文档背景的设置。
（4）学会使用文本框。

二、实验内容

时间：预计 20 min。

打开"A1.docx"文档，按以下要求进行设置。

（1）首先设置标题，字体为"华文楷体"，字号为"小初"，字体颜色为"蓝色"，字形为"加粗"，对齐方式为"居中"，段后距离为"10 磅"。

（2）在页眉左侧录入"茅以升·中国石拱桥"，字形为斜体，右侧插入页码，格式为"第 X 页　共 Y 页"。

（3）将"赵州桥高度的……人民的智慧和力量。"的字形设置为"加粗"，且下划线为"双波浪"。

（4）将正文每段"首行缩进"两个字符（标题和最后的作者部分除外），行间距设置为"1.5 倍行距"。

（5）将最后一段中的"长虹大桥"字符缩放设置 140%，字形设置为"加粗、倾斜"。

（6）将第三段中的"这些桥大小不一，形式多样，有许多是惊人的杰作。"字符颜色设置为"红色"且加上着重号。

（7）将正文最后一段设置"金色，个性色 4，淡色 80%"底纹，行间距为"两倍行距"。

（8）将第六段的"早在 13 世纪，卢沟桥就闻名世界"设置字体为"隶书"，字号为"初号"，效果为"上标"。

（9）将正文前五段分为两栏，第一栏栏宽为 15 个字符，栏间距为 2 个字符，加分隔线。

（10）将"作者……"部分设置为"右对齐"，字符间距设为"加宽""8 磅"。边框与底纹设置：边框设置为"方框"，线型为"三线"，颜色为"红色"，宽度为"1.5 磅"，底纹为"浅绿"。

（11）设置正文的背景为"水印"，水印文字为"严禁复制"，文字的"字体"为"隶书"，"字号"为"160 磅"，"颜色"为"红色（半透明）"。

完成后的效果如图 1.2.4 所示。

中国石拱桥

石拱桥的桥洞成弧形，就像虹。古代神话里说，雨后彩虹是"人间天上的桥"，通过彩虹就能上天。我国的诗人爱把拱桥比作虹，说拱桥是"卧虹""飞虹"，把水上拱桥形容为"长虹卧波"。

石拱桥在世界桥梁史上出现得比较早。这种桥不但形式优美，而且结构坚固，能几年几百年甚至上千年雄跨在江河上，在交通方面发挥作用。

我国的石拱桥有悠久的历史。《水经注》里提到的"旅人桥"，大约建成于公元 282 年，可能是有记载的最早的石拱桥了。我国的石拱桥几乎到处都有，这些桥大小不一，形式多样，有许多是惊人的杰作。其中最著名的当推河北省赵县的赵州桥和北京丰台区的卢沟桥。

赵州桥非常雄伟，全长 50.82 米，两端略窄 9.6 米，中部略窄，宽 9 米。桥的设计完全合乎科学原理，施工技术更是巧妙绝伦。唐朝的张嘉贞说它"制造奇特，人不知其所

以为"。这座桥的特点是：（一）全桥只有一个大拱，长达 37.4 米，在当时可算是世界上最长的石拱。桥洞不是普通的半圆形，而是像一张弓，因而大拱上面的道路没有陡坡，便于车马上下。（二）大拱的两肩上，各有两个小拱。这个创造性的设计，不但节约了石料，减轻了桥身的重量，而且在河水暴涨的时候，还可以增加桥洞的过水量，减轻洪水对桥身的冲击。同时，拱上加拱，桥身也更美观。（三）大拱由28道拱圈拼成，就像是这么多同样形状的弧形石拱，做成一道弧形的桥洞，每道拱圈都能独立支撑上面的重量，一道坏了，其他各道不致受到影响。（四）全桥结构匀称，和四周景色配合得十分和谐；桥上的栏杆石板也雕刻得古朴美观。唐朝的张鷟说，远望这座桥就像"初月出云，长虹饮涧"。**赵州桥高度的技术水平和不朽的艺术价值，充分显示了我国劳动人民的智慧和力量。**桥的主要设计者李春就是一位杰出的工匠，在桥头的碑文里刻着他的名字。

大约在上海的卢沟桥，修建于公元 1189 和 1192 年间。桥长 265 米，由 11 个半圆形的石拱组成，每个石拱长度不一，自 16 米到 21.6 米。桥宽约 8 米，路面平坦，几乎与河面平行。每两个石拱之间有石砌桥墩，把 11 个石拱联成一个整体。由于各拱相联，所以这种桥叫作联拱石桥。永定河发水时，水势很猛，以前两岸河堤常被冲毁，但是这座桥却从没出过事，足见它的坚固。桥面用石板铺砌，两旁有石栏石柱。每个柱头上都雕刻着不同姿态的狮子，这些石刻狮子，有的母子相抱，有的交头接耳，有的像倾听水声，有的像注视行人，千态万状，惟妙惟肖。

早在 13 世纪，卢沟桥就闻名世界

那时候有个意大利人马可·波罗来过中国，他的游记里，十分推崇这座桥，说它"是世界上独一无二的"，并且特别欣赏桥栏柱上刻的狮子，说它们"共同构成美丽的奇观"。在国内，这座桥也是历来为人们所称赞的。它地处入都要道，而且建筑优美，"卢沟晓月"很早就成为北京的胜景之一。

卢沟桥在我国人民反抗帝国主义侵略战争的历史上，也是值得纪念的。1937 年 7 月 7 日中国军队在此抗击日本帝国主义的侵略，揭开了抗日战争的序幕。

为什么我国的石拱桥会有这样光辉的成就呢？首先，在我国劳动人民的勤劳和智慧。他们制作石料的工艺极其精巧，能把石料切成整块大石碑，又能把石块雕成各种形象，在建筑技术上有很多创造，在起重吊装方面更有意想不到的办法。如福建漳州的江东桥，有的石梁一块就有二百来吨重，究竟是怎样安装上去的，至今还不完全知道；又如我国石拱桥的设计施工有优良传统，建成的桥，用料省，结构巧，强度高。再次，我国富有建筑用的各种石料，便于就地取材，这也为修造石桥提供了有利条件。

两千多年来，我国修建了无数的石拱桥。解放后，全国大规模兴建起各种型式的公路桥与铁路桥，其中就有不少石拱桥。1961 年，云南省建成了一座世界最长的独拱石桥，名叫**"长虹大桥"**，石拱长达 112.5 米。在传统的石拱桥的基础上，我们还运用了大量的钢筋混凝土拱桥，有的"双曲拱桥"是我国劳动人民的新创造，是世界上所仅有的。近几年来，全国造了总长二十余万米的这种拱桥，其中最大的一孔，长达 150 米。我国桥梁事业的飞跃发展，表明了我国社会主义制度的无比优越。

作者：茅以升

图 1.2.4　任务 2 样文 1

三、技能进阶

时间：预计 20 min。

打开"A3.docx"文档按以下要求进行设置。

（1）首先设置页面，纸张大小为 A4，纸张方向为纵向，左、右页边距为 2 厘米，上、下页边距为 2 厘米。

（2）设置段落的间距，段前、段后 6 磅；各段首行缩进 2 字符。

（3）将正文中所有的"数学"二字的字体设置为"浅蓝""加粗""倾斜"。

（4）为各段添加项目符号"❤（Wingdings）"。

（5）设置页眉和页脚：在页眉左侧录入"数学中的矛盾"，右侧插入页码，格式为"第 X 页　共 Y 页"。

（6）设置艺术字：将标题设置为"渐变填充：水绿色，主题色 5；映像"样式的艺术字（艺术字库中第 2 行第 2 列）；环绕文字方式为"上下型"；文本轮廓为"无线条"。

（7）在文档右侧插入一个竖排文本框，输入文字"幂势既同，则积不容异"，将文字设置成"隶书、小一号、加粗"，形状填充效果为"纹理，蓝色面巾纸"，形状线条为"无线条"；设置形状效果为"阴影，外部，偏移：右上"。

完成效果如图 1.2.5 所示。

数学思想漫谈

● 数学素以精确严密而著称，可是在数学发展的历史中，仍然不断地出现矛盾以及解决矛盾的斗争，从某种意义下讲，数学就是要解决一些问题，问题不过是矛盾的一种形式。

● 有些问题得到了解决，比如任何正整数都可以表示为四个平方数之和。有些问题至今没有得到解决，比如，哥德巴赫猜想，任何大偶数都可以表为两个素数之和。我们还很难说这个命题是对还是不对。因为随便给一个偶数，经过有限次试验总可以得出结论，但是偶数有无穷多，你穷毕生精力也不会验证完。也许你能碰到一个很大的偶数，找不到两个素数之和等于它，不过即使这样，也难以断言这种例外的偶数是否有有限多个，也就是某一个大偶数之后，上述哥德巴赫猜想成立。这就需要证明。而证明则要用有限的步骤解决涉及无穷的问题，借助于计算机完成的四色定理的证明，首先也要把无穷多种可能的地图归结成有限的情形，没有有限，计算机也是无能为力的。因此看出数学永远回避不了有限与无穷这对矛盾。可以说这是数学矛盾的根源之一。

● 矛盾既然是固有的，它的激烈冲突，也就给数学带来许多新内容，新认识，有时也带来革命性的变化。把二十世纪的数学同以前整个数学相比，内容不知丰富了多少，认识也不知深入多少。在集合论的基础上，诞生了抽象代数学、拓扑学、泛函分析与测度论。数理逻辑也兴旺发达，成为数学有机整体的一部分。古代的代数几何、微分几何、复分析现在已经推广到高维，代数数论的面貌也多次改变，变得越来越优美而完整。

● 一系列经典问题完满地得到解决，而新问题、新成果层出不穷，从未间断。数学呈现无比兴旺发达的景象，而这正是人们在同数学中的矛盾斗争的产物。

幂势既同，则积不容异

图 1.2.5　任务 2 样文 2

任务3　Word 2016 进阶提高——样式的应用

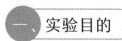 实验目的

（1）学会使用 Word 样式及创建新样式。

（2）学会插入文档的页眉和页脚。

（3）学会自动生成目录。

（4）掌握项目符号的使用。

（5）掌握脚注的使用。

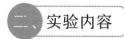 实验内容

时间：预计 20 min。

打开"高速局域网.docx"文档，按以下要求进行设置。

1. 使用样式

（1）将文档标题设置成"标题 2"样式。

（2）将"6.1 FDDI 网络"设置成标题 3 样式，将"6.1.1 FDDI 与 OSI 的关系"和"6.1.2 帧格式"设置成标题 4 样式。

（3）将"图 6-1……"设置成"图号"样式。

（4）其他文字设置成正文样式。

2. 更改、创建样式

将上述文档中"标题 2"的格式改为"样式 1"，字体为方正姚体；字号为四号字；文字效果中的文本填充改为"无填充"，文本轮廓改为"实线"（宽度为 0.5 磅）；双下波浪线。

3. 插入页眉

插入页眉"第六章　高速局域网"，完成效果如图 1.2.6 所示。

4. 目录和索引

利用"高速局域网.docx"文档自动生成目录，完成效果如图 1.2.7 所示。

第六章 高速局域网

上一章主要介绍传统的局域网：以太网和令牌环网。现在介绍高速局域网。

6.1 FDDI 网络

光纤分布式数据接口是世界上第一个高速局域网。

为适应日新月异的市场需求，设计人员以 FDDI 作为一个基本协议集，又先后开发出了铜缆标准 FDDI，为多媒体而设计的 FDDI-II，以及最新的大容量网络系统——FDDI 局域网改进标准。

6.1.1 FDDI 与 OSI 的关系

FDDI 标准主要由四个部分组成，按其完成时间顺序依次为 介质访问控制子层、物理子层、物理介质相关子层、站管理。它们实现了 OSI 参考模型的物理层和数据链路层的功能，图 6-1 给出了两者之间的相互关系。

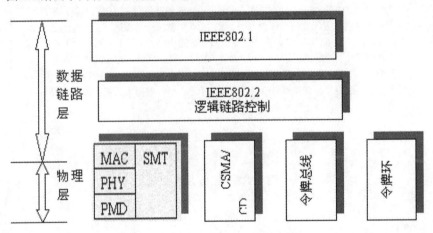

图 6-1 FDDI 与 OSI 参考模型关系图

6.1.2 帧格式

与 IEEE 802.5 令牌环协议相似，FDDI 中的 MAC 子层协议也定义了令牌和数据/命令帧两种帧格式。

FDDI 的帧由若干个字段组成，这些字段分别为帧起始符、帧控制符、源地址、目的地址、帧校验序列、帧结束符以及帧状态符。

图 1.2.6　任务 3 样文 1

图 1.2.7　任务 3 样文 2

三、技能进阶

时间：预计 15 min。

打开"学习.docx"文档，按以下要求进行设置。

（1）将文档中开头的四点设置成项目符号。

（2）添加脚注。

在"他们讲究亭台轩榭"之后添加 1 号脚注，内容为"轩，有窗户的廊子或小屋；榭，建筑在台上的房屋。"。

（3）在文档的适当位置添加文本框，紧密型环绕，字间距为加宽 2 磅。

（4）将正文的首字下沉 3 行。完成效果如图 1.2.8 所示。

📖苏州园林里都有假山和池沼
📖苏州园林栽种和修剪树木也着眼在画意
📖游览苏州园林必然会注意到花墙和廊子
📖苏州园林在每一个角落都注意图画美

设计者和匠师们因地制宜，自出心裁，修建成功的园林当然各各不同。可是苏州各个园林在不同之中有个共同点，似乎设计者和匠师们一致追求的是：务必使游览者无论站在哪个点上，眼前总是一幅完美的图画。为了达到这个目的，他们讲究亭台轩榭[1]的布局，讲究假山池沼的配合，讲究花草树木的映衬，讲究近景远景的层次。总之，一切都要为构成完美的图画而存在，决不容许有欠美伤美的败笔。他们惟愿游览者得到"如在画图中"的美感，而他们的成绩实现了他们的愿望，游览者来到园里，没有一个不心里想着口头说着"如在画图中"的。

苏州园林

---

[1] 轩，有窗户的廊子或小屋；榭，建筑在台上的房屋。

图 1.2.8　任务 3 样文 3

任务 4　Word 2016 综合排版（1）

一、实验目的

（1）熟练掌握字符和段落格式的设置。
（2）熟练掌握项目符号和编号、分栏、中文版式等排版技术。
（3）掌握页眉、页脚和艺术字的使用。
（4）掌握页面设置的方法和学会超链接的使用。
（5）熟练掌握文本框的使用。

二、实验内容

时间：预计 30 min。

打开"file5.docx"文档，按以下要求进行设置。

1. 页面设置

（1）自定义纸张，宽为 16 厘米，高为 18 厘米；横向纸张。
（2）页边距：上、下、左、右边距分别为 1.6 厘米、1.6 厘米、2.1 厘米、2.1 厘米。
（3）页眉距边界：1.5 厘米。

2. 文档标题设置

（1）将标题"显示器的选择"设置为居中，华文行楷，三号大小。
（2）标题字符间距缩放到 150%，字符颜色为红色，并加红色 0.5 磅单实线方框。

3. 文档段落设置

设置正文行间距为 20 磅，将第一段设置为段前间距 0.5 行，段后间距 0.5 行，首行缩进 2 字符。

4. 文档正文设置

（1）将正文第一段中的"显示器"设置成黑体、三号大小，并设成带圈的字符。
（2）将正文中所有的"点距"设置成红色、加粗、加着重符号。
（3）选择正文第二段中"是指一个发光点与离它最近的相邻的同发光点的距离"，将其进行"双行合一"，文字为宋体、小三并加粗。
（4）将第三段进行分栏，分栏数设为 3，并添加文字底纹为"白色，背景 1，深色 15%"。
（5）将第三段首字"刷"设置成首字下沉 2 行，距正文 0.5 厘米。

5. 文本框使用

（1）插入文本框，并填充文本框底纹为"白色，背景 1，深色 15%"。

（2）将最后一段文字剪切放入文本框中，框内文字为宋体五号。

（3）适当调整文本框大小，参照图 1.2.9 添加项目符号。

完成后的效果如图 1.2.9 所示。

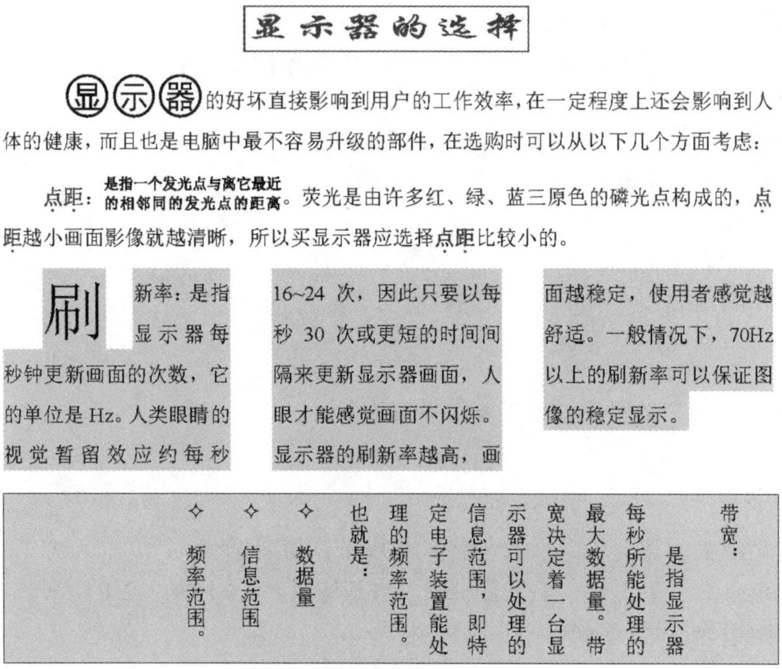

显示器的选择

显示器的好坏直接影响到用户的工作效率，在一定程度上还会影响到人体的健康，而且也是电脑中最不容易升级的部件，在选购时可以从以下几个方面考虑：

点距：是指一个发光点与离它最近的相邻同的发光点的距离。荧光是由许多红、绿、蓝三原色的磷光点构成的，**点距**越小画面影像就越清晰，所以买显示器应选择**点距**比较小的。

刷新率：是指显示器每秒钟更新画面的次数，它的单位是 Hz。人类眼睛的视觉暂留效应约每秒 16~24 次，因此只要以每秒 30 次或更短的时间间隔来更新显示器画面，人眼才能感觉画面不闪烁。显示器的刷新率越高，画面越稳定，使用者感觉越舒适。一般情况下，70Hz 以上的刷新率可以保证图像的稳定显示。

带宽：是指显示器每秒所能处理的最大数据量。带宽决定着一台显示器可以处理的信息范围，即特定电子装置能处理的频率范围。也就是：
◇ 数据量
◇ 信息范围
◇ 频率范围。

图 1.2.9　任务 4 样文 1

三、技能进阶

时间：预计 15 min。

打开"鸟类的飞行.docx"文档，按以下要求进行设置。

（1）设置艺术字：将标题设置为"渐变填充：水绿色，主题色 5；映像"的艺术字（艺术字库中第 2 行第 2 列）；字体：楷体；环绕文字方式为：上下型环绕；文本效果为"转换"→"弯曲"→"三角：正"；按样文所示适当调整艺术字的大小和位置。

（2）底纹设置：第一自然段加"白色，背景 1，深色 25%"底纹。

（3）分栏设置：第一自然段分为两栏；第二自然段分为三栏。

（4）插入图片：环绕文字方式为紧密型环绕（图片为"ME100009.JPG"），图片位置如图 1.2.10 所示。

（5）超链接：为第二段的"野鸭"两字插入超链接，链接到 TI100025.jpg，并设置超链接的屏幕提示文字为"请看野鸭图片"。

（6）边框设置：参照图 1.2.10 为最后一段增加 3 磅的阴影边框。

完成后的效果如图 1.2.10 所示。

鸟类的飞行

任何两种鸟的飞行方式都不可能完全相同，变化的形式千差万别，但大多可分为两类。横渡太平洋的船舶一连好几天总会有几只较小的信天翁伴随其左右，它们可以

信天翁是鸟类中滑翔之王，善于驾驭空气以达到目的，但若遇到逆风则无能为力了。在与其相对的鸟类中，野鸭是佼佼者。野鸭与人类自夸用来"征服"天空的发动机有点相似。

野鸭及与之相似的鸽子，其躯体的大部分均长着坚如钢铁的肌肉，它们依靠肌肉的巨大力量挥动短小的翅，迎着大风长距离飞行，直到筋疲力竭。它们中较低级的同类，例如鹧鸪，也有

跟着船飞行一个小时而不动一下翅膀，或者只是偶尔抖动一下。沿船舷上升的气流以及与顺着船只航行方向流动的气流产生的足够浮力和前进力，托住信天翁的巨大翅膀使之飞翔。

相仿的顶风飞翔的冲力，但不能持久。如果海风迫使鹧鸪作长途飞行的话，那么你可能随时可以从地上拣到因耗尽精力而堕落地面的非常可怜的鹧鸪。

> 燕子在很大程度上则兼具这两类鸟的全部优点。它既不易感到疲倦也不自夸其飞翔力，但是能大显身手，往返于北方老巢飞行 6000 英里，一路上喂养刚会飞的雏燕，轻捷穿行于空中。即使遇上顶风气流，似乎也能助上一臂之力，飞越而过，御风而弛。

图 1.2.10　任务 4 样文 2

任务 5　Word 2016 综合排版（2）

一、实验目的

（1）掌握页面艺术边框及中文版式的应用。

（2）掌握图片文件的插入方法及版式的调整。

二、实验内容

时间：预计 15 min。

打开"file_7.docx"文档，按以下要求进行设置。

（1）页面设置：采用自定义形式设置页面大小，宽度为 23 厘米，高度为 18 厘米，上、下页边距为 1.5 厘米，左、右页边距为 2 厘米，横向纸张。

（2）边框设置：参照图 1.2.11 所示效果为页面设置艺术边框。

（3）页眉、页脚设置：插入页眉，内容是"中国古诗词欣赏"，宋体五号，居中。

（4）字体设置：添加标题文字"songcixinshang—宋词欣赏"；字体为华文彩云、二号、居中，并将该标题段填充为"白色，背景 1，深色 15%"底纹。诗文字体采用隶书，字号四号，行间距采用固定设置 28 磅。

（5）中文版式设置：为诗文添加中文版式中的拼音。

（6）插入图片：点击"插入图片"，选择"来自文件"，将"仕女图.jpg"插入文档适当位置；设置图片格式的版式为"衬于文字下方"。

完成后的效果如图 1.2.11 所示。

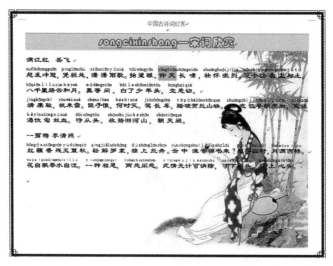

图 1.2.11　任务 5 样文 1

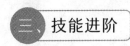
时间：预计 15 min。

打开"二十四节气的含义.docx"文档，按以下要求进行设置。

（1）设置页面：页眉距边界：1.45 厘米；页脚距边界：1.65 厘米；纸张大小：宽度为 27.94 厘米，高度为 21.59 厘米；方向为：横向；文字排列：竖排；行间距：1.5 倍行距。

（2）设置艺术字：将标题"二十四节气的含义"设置为艺术字，艺术字样式为"渐变填充：水绿色，主题色 5；映像"（艺术字库中第 2 行第 2 列）；字体：隶书；文本效果："阴影"→"透视"→"透视：右上"；设置艺术字的环绕文字方式为"上下型环绕"；参照图 1.2.12 适当调整艺术字的大小和位置。

（3）按如图 1.2.12 所示位置插入图片，图片文件为 signet.GIF，并且将图片放置到底端居左，环绕文字方式为"四周型"。

（4）设置页面边框：根据自己的爱好任意选择一种艺术型边框。

（5）设置分栏格式：将正文中除第一段和最后一段之外的中间段落设置为两栏格式，加分隔线。

（6）设置页眉：页眉文字为"自然·节令"，对齐方式为右对齐。

（7）设置背景：文件的背景为"水印"，水印文字为"禁止复制"，字体为"华文行楷"，颜色为"红色"（半透明），输出为"斜式"。

完成后的效果如图 1.2.12 所示。

图 1.2.12　任务 5 样文 2

任务6 Word 2016 综合排版（3）

一、实验目的

（1）熟练掌握插入与编辑图片的技巧。
（2）学会绘制图形。
（3）掌握插入艺术字并对艺术字进行设置。
（4）掌握文本框的使用。

二、实验内容

时间：预计 25 min。

打开"显示器的选择.docx"文档，按以下要求进行设置。

（1）纸张设置：采用自定义方式，宽度为 20 厘米，高度为 18 厘米；上、下页边距为 1.5 厘米，左、右页边距为 2 厘米；方向设置为横向。

（2）艺术字设置：将标题设置成艺术字，艺术字式样为"渐变填充：水绿色，主题色 5；映像"（艺术字库中第 2 行第 2 列）；字体：楷体；环绕文字方式为：上下型环绕。

（3）插入图片：图片文件为"显示器.jpeg"，并且设置图片的环绕文字方式为"四周型"，拖放到适当的位置，如图 1.2.13 所示。

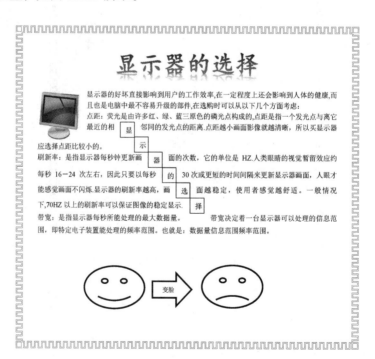

图 1.2.13 任务 7 样文 1

（4）边框设置：如图 1.2.13 所示，为页面加上艺术型边框。

（5）文本框的使用：在文档的适当位置插入 6 个相同的文本框，采用【绘图工具 | 格式】选项卡下【文本】组中的"创建链接"功能进行文本框链接，将"显示器的选择"文字填入文本框中。

（6）形状：在文档的末尾绘制"笑脸"形状，然后向上拖动"笑脸"中的黄色控制点，调整嘴的形状，即可将其变成"哭脸"形状。

完成后的效果如图 1.2.13 所示。

三、技能进阶

时间：预计 15 min。

打开"TF5-9.docx"文档，按以下要求进行设置。

（1）页面设置：页边距上、下各为 3 厘米，左、右各为 3.5 厘米。

（2）页眉和页脚插入：参照图 1.2.14 为文档添加页眉，页眉文字内容为"风景名胜"。

风景名胜

黄山的冬季

黄山冬来早，冬季时间长。据《黄山志》记载，温泉区 11 月 9 日开始入冬，冬季 155 天，而半山腰 10 月中旬入冬，冬季 195 天，高山顶上，在 9 月下旬入冬，冬季长达 227 天。黄山之冬，并不想大家想象的那样北风呼啸，冰雪难耐，令人生畏。其实，这里冬天的气候特点是寒而不冻。究其原因，一则日温差小，总在 4-6℃ 之间，而山下周围各县日温差大都在 9-11℃；二则空气干燥，没有阴霾笼罩。从目前看来，冬半年的风景，并无萧条冷落的感觉，往往比夏半年还优美。这也就是所说的"黄山四季皆胜景，唯有腊冬雪景更佳"。

黄山一年有云雾二百多天，而绝大多数的云海则出现在冬半年。当北方冷空气南下侵入黄山时，便朔风号长空，大雪铺山峦，漫山遍野，流花飞琼，群峰披玉，万树镂金，瑰丽无比。

清人工国相有《黄山对雪》歌曰："黄山峰六六，面面青芙蓉。一夜经天绘，丰姿别样工。天骄成玉龙。洞口杳无迹，一片白云封。岂是知微目，晶晶天都中？岂是六郎粉，灼灼莲花容？弥天云母帐，匝地水晶栊。怪在黄山一旦成白岳，三十六峰太素宫。"作者描摹出了黄山风停雪止之后，到处银装素裹，巧石如玉，银峰闪光的奇妙景色。

雾淞[1] 是黄山冬季的著名景色，每逢严寒隆冬，满山玉树银花，他非雪非霜，而又比雪奇，比霜美。在灿烂的阳光下，晶莹闪烁，蔚为奇观。你若冬日游山，或许于某一个早晨推窗眺望，会突然发现窗外的景色已经面目全非，成了一片银色的世界。茫茫群峰是座座冰山，棵棵树木象丛丛珊瑚，令你疑惑，莫非是"忽如一夜春风来，千树万树梨花开？"非也，这就是难得一求的雾淞！带上拐杖，出户登山，放眼四望，只见群峰错列，松林密叠，一派银装素裹。黄山一改往日葱茏苍翠的面目，到处一片洁白，天地浑然一色。从上到下，一草一木，一枝一叶都凝聚着洁白无瑕的晶体，如披银叠叠，似挂珠串串，山风拂荡，晶莹耀眼，如进入了琉璃世界，似到了仙山琼阁，令你目不暇接，又如同进入了一个童话般的梦幻之境。

[1]雾淞：气温达到零下时，雾（云）滴在树木石块等物体上形成的晶体。

图 1.2.14　任务 6 样文 2

（3）艺术字设置：标题"黄山的冬季"设置为艺术字，其样式为"填充：蓝色，主题色1：阴影"（艺术字库中第 1 行第 2 列）；字体为华文中宋；文本填充：黄色；文本轮廓：实线，红色；文字方向：竖排；文本效果为"阴影"→"外部"→"偏移：左下"；环绕文字方式为"四周型"。

（4）插入图片：按如图 1.2.14 所示的位置插入图片，图片文件为"Pic5-9.jpeg"；图片缩放：高度 200%，宽度 160%；环绕文字方式为"四周型"。

（5）分栏设置：将正文第二段设置为等宽的三栏格式。

（6）边框和底纹：为正文最后一段设置阴影边框，线型为实线，宽度为 1.5 磅。

（7）脚注设置：为正文最后一段的第一行的"雾凇"添加双下划线，插入脚注："雾凇：气温达到 0 ℃ 以下时，雾（云）滴在树木、石块等物体上形成的晶体。"

完成后的效果如图 1.2.14 所示。

任务 7　Word 2016 表格操作

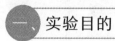

一、实验目的

（1）熟练掌握表格的创建及内容的输入、编辑等操作。

（2）熟练掌握转换、编辑、修饰、美化表格的方法。

（3）掌握表格的格式化。

（4）掌握表格计算。

二、实验内容

时间：预计 40 min。

1. 将文字转换为表格

（1）打开"file6_1.docx"文档。

（2）将以上内容转换为 4 行 6 列的表格，自动套用"网格表 4"样式，最后以 file6_1.docx 存盘。完成后的效果如图 1.2.15 所示。

学号	系别	姓名	年龄	籍贯	联系电话
1001	信息	王文	17	四川	6253331
1002	机械	李梅	18	广西	7888823
1003	管理	张三	16	甘肃	6767782

图 1.2.15　任务 7 样文 1

2. 表格计算及格式化

打开"file6_2.docx"文档，按下列要求进行设置。

（1）标题为宋体四号，居中；表中所有的内容设置为五号楷体，并居中对齐。

（2）在第 1 行第 1 列的单元格中，加一条线宽为 0.5 磅的单实对角线。

（3）表格边框线设置为 1.5 磅双窄线，表内框线为 0.5 磅单实线。

（4）利用公式计算汇总项和合计项。

（5）将整个表格居中，并以原文件名保存文档。

完成后的效果如图 1.2.16 所示。

_____年度计划表

年度\明细	年度计划					汇总
	一季度	二季度	三季度	四季度		
项目	213	135	265	478		1091
	157	241	417	513		1328
	417	326	479	523		1745
	468	318	419	319		1524
合计						5688

图 1.2.16　任务 7 样文 2

3. 不规则表格制作

新建文档"file6_3.docx"文档，按以下要求进行设置。

（1）页面设置：纸张大小为 18.2 厘米×10 厘米，上、下、左、右页边距各为 0.8 厘米、0.6 厘米、1.5 厘米、1.5 厘米。

（2）边框设置：四周边框为 1.5 磅实线，"单价"列与"金额"列之间为 0.5 磅双窄线。

（3）字体设置："送货单"三个字为黑体小四号，并设有双下划线，其他表格外的文字以及"货号""品名""规格""单位""数量""单价""备注（件数）"等文字均为小五号字；表格中的其他文字为六号字。

完成后的效果如图 1.2.17 所示。

送货单

单位：　　　　　　　　　经办人：　　　　　　　　201 年　　月　　日

货号	品名	规格	单位	数量	单价	金额								备注（件数）
						十	万	千	百	十	元	角	分	

合计人民币(大写)	十	万	千	百	十	元	角	分

发货单位： 电话：	收货人单位盖章

图 1.2.17　任务 7 样文 3

三、技能进阶

利用表格工具制作"收款凭证",如图 1.2.18 所示。

<u>收款凭证</u>

年　月　日　　　　　　字第　　号

摘要	借方总账科目	明细科目	借方金额								贷方金额							
			十	万	千	百	十	元	角	分	十	万	千	百	十	元	角	分
合计																		
主管签字		记账			出纳			审计			制单								

图 1.2.18　任务 7 样文 4

项目 3　电子表格制作软件 Excel 2016

本项目共分为 4 个任务，主要内容包括工作簿的创建和编辑、公式和函数的使用、数据管理及 Excel 图表的创建等。

任务 1　Excel 基本操作

一、实验目的

（1）熟悉 Excel 的使用界面。

（2）掌握 Excel 工作簿及工作表的创建、保存及打开方法。

（3）掌握工作表中单元格格式的设置。

二、实验内容

时间：预计 20 min。

1. 新建操作

在桌面新建一个工作簿，文件名为"机电学院学生情况.xlsx"。

在 Sheet1 表的 A1：G13 区域中输入如表 1.3.1 所示的数据，完成后将 Sheet1 更名为"基本信息"。

表 1.3.1　输入数据

学号	系别	姓名	性别	身份证号	籍贯	出生年月
011030	信息工程	陈婕	女	××××××19880322××××	甘肃	1988-3-22
011005	信息工程	范小君	女	××××××19880721××××	四川	1988-7-21
011024	机械工程	焦宝林	男	××××××19891112××××	河南	1989-11-12
011025	管理工程	李云峰	男	××××××19870829××××	四川	1987-8-29
012003	电子工程	王鹏程	男	××××××19890927××××	四川	1989-9-27
012004	机械工程	刘晓强	男	××××××19880205××××	四川	1988-2-5
013001	信息工程	文敏	女	××××××19900101××××	湖南	1990-1-1

2. 修改、插入、删除操作

（1）在第 1 列"学号"前插入名为"序号"的新列。内容为"1、2、3、4…"（提示：可以使用自动填充方法）。

（2）在第 5 行与第 6 行之间插入一个空行，输入如表 1.3.2 所示的数据。

表 1.3.2　插入数据

学号	系别	姓名	性别	身份证号	籍贯	出生年月
014003	电子工程	张晓峰	男	×××××19860813××××	北京	1986-8-13

（3）在第 1 行插入一新行，内容为"学生基本信息表"。

（4）删除第 7 条记录。

3. 页面设置

上、下页边距为 1 厘米；左、右页边距为 2 厘米；纸张方向为横向；纸张大小为 A4。

4. 单元格格式设置

（1）将 A1：H1 单元格区域的行高设置为 25，字体格式设置为宋体，字号设置为 14，合并后居中。A1：H1 单元格设置图案颜色为"白色，背景 1，深色 25%"，图案样式为"12.5% 灰色"。

（2）将 H3：H9 单元格区域设置为"××××年××月××日"。

（3）将 A2：H9 单元格区域的行高设置为 20，外框线设为红色（标准色）粗实线，内框线设为蓝色（标准色）细实线。

完成后的效果如图 1.3.1 所示。

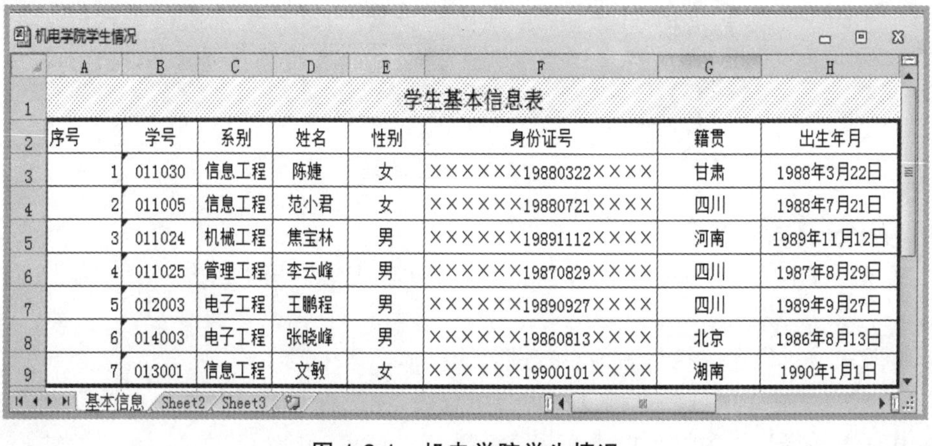

图 1.3.1　机电学院学生情况

时间：预计 10 min。

第1题：打开"人力资源情况表.xlsx"进行下列操作。

（1）设置 A3：A9 单元格数据只接受 1000～5000 的整数，并设置显示信息"只能输入 1000～5000 的整数"，设置出错警告样式为"信息"，如图 1.3.2 所示。

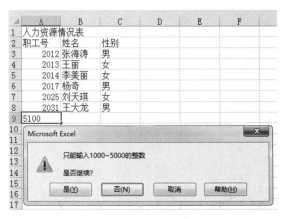

图 1.3.2　显示信息

（2）使用【数据】选项卡下【数据工具】组中的"数据验证"，设置 C3：C9 单元格数据的验证条件为"序列"，来源为"男,女"，如图 1.3.3 所示。

	A	B	C	D
1	人力资源情况表			
2	职工号	姓名	性别	
3	2012	张海涛	男	
4	2013	王丽	女	
5	2014	李美丽	女	
6	2017	杨奇	男	
7	2025	刘天琪	女	
8	2031	王大龙	男	
9				
10			男	
11			女	
12				

图 1.3.3　数据验证

（3）单元格格式的设置。

① 将 A1：C1 区域合并，并将标题"人力资源情况表"居中对齐，字号为 16 磅，字体为仿宋。

② 将职工号、姓名等栏目名称一行设置为楷体、居中。

③ 将 A2：C9 整个区域外框线设置为蓝色双线，第二行和第三行之间也设置为蓝色双线。

④ 其他单元格边框为红色单线。

⑤ A2：A9 单元格设置图案颜色为"白色，背景 1，深色 25%"，图案样式为"6.25% 灰色"。完成后的效果如图 1.3.4 所示。

图 1.3.4　完成后的效果

第 2 题：打开"销售情况数量统计.xls"进行下列操作。

样式包括内置样式和自定义样式。内置样式为 Excel 内部定义的样式，用户可以直接使用；自定义样式是用户根据需要自定义的组合设置，需定义样式名。在 Excel 中可设置"套用表格格式"及"单元格样式"。

（1）利用"单元格样式"自定义样式名为"表标题"的样式，包括："数字"为通用格式，"对齐"为水平居中和垂直居中，"字体"为华文彩云，"字号"为 16，"边框"为左右上下边框，"填充"为浅绿色底纹。

（2）将 A1：E1 单元格区域设置为"合并后居中"。

（3）利用"货币"格式设置 C3：D7 单元格区域的数值。

完成后的效果如图 1.3.5 所示。

图 1.3.5　完成后的效果

提示：若某工作簿文件的格式以后要经常使用，为了避免每次重复设置格式，可以把工作簿的格式作为模板并存储，以后每当要建立与之相同的工作簿时，直接调用该模板，可以快速建立所需的工作簿文件。Excel 已经提供了一些模板，用户也可以根据需要直接使用。

任务 2 公式与函数

 实验目的

（1）熟悉 Excel 工作表中数据的复制、粘贴。

（2）掌握 Excel 工作表中常用公式和函数的使用方法。

（3）掌握数据表的格式设置。

 实验内容

时间：预计 70 min。

打开"学生第一学期期末成绩表.xlsx"工作簿，完成"第一学期期末成绩"和"第二学期期末成绩"两个工作表中的空白项。

1. 公式与函数应用

（1）利用 SUM（ ）、AVERAGE（ ）分别计算每个学生的"总分"及"平均分"，且平均分保留一位小数。

（2）利用 IF（ ）计算综合评定，其条件为：平均分大于等于 90 为"优"；平均分为 80 ~ 89 为"良"；平均分低于 80 为"中"。这里可以巧用名称框。

（3）利用 RANK（ ）计算出每个学生的名次。

（4）利用 COUNTIF（ ）计算出优秀数。

（5）利用 COUNT（ ）计算总人数。这里要注意 COUNT（ ）和 COUNTA（ ）的区别。

（6）利用公式计算优秀率，公式是

$$优秀率 = 优秀数/总人数$$

（7）利用 MAX（ ）、MIN（ ）计算出各科的最高分、最低分。

2. 工作表的格式化

（1）设置"第一学期期末成绩"工作表。

① 在第一行插入一空白行并设置行高为 40，插入艺术字内容为"第一学期期末成绩"，艺术字样式为"填充：蓝色，主题色 1；阴影"，合并后居中。

② 设置 A2：J17 单元格区域为"套用表格格式"→"白色 表样式浅色 8"。

③ 利用条件格式对平均分大于或等于 90 的成绩用红色（标准色）字体显示，平均分小于 60 的成绩用浅蓝色（标准色）填充。

④ 完成设置后将 Sheet2 更名为“第一学期期末成绩表”。

完成后的效果如图 1.3.6 所示。

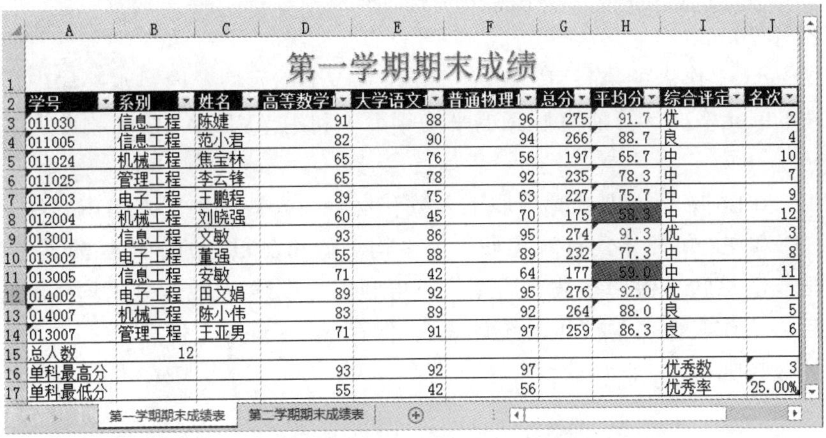

	A	B	C	D	E	F	G	H	I	J
1	第一学期期末成绩									
2	学号	系别	姓名	高等数学1	大学语文1	普通物理1	总分	平均分	综合评定	名次
3	011030	信息工程	陈婕	91	88	96	275	91.7	优	2
4	011005	信息工程	范小君	82	90	94	266	88.7	良	4
5	011024	机械工程	焦宝林	65	76	56	197	65.7	中	10
6	011025	管理工程	李云锋	65	78	92	235	78.3	中	7
7	012003	电子工程	王鹏程	89	75	63	227	75.7	中	9
8	012004	机械工程	刘晓强	60	45	70	175	58.3	中	12
9	013001	信息工程	文敏	93	86	95	274	91.3	优	3
10	013002	电子工程	董强	55	88	89	232	77.3	中	8
11	013005	信息工程	安敏	71	42	64	177	59.0	中	11
12	014002	电子工程	田文娟	89	92	95	276	92.0	优	1
13	014007	机械工程	陈小伟	83	89	92	264	88.0	良	5
14	013007	管理工程	王亚男	71	91	97	259	86.3	良	6
15	总人数	12								
16	单科最高分			93	92	97			优秀数	3
17	单科最低分			55	42	56			优秀率	25.00%

图 1.3.6　第一学期期末成绩表

（2）设置“第二学期期末成绩”工作表。

① 在第一行插入一空行，行高设置为 50，插入艺术字内容为“第二学期期末成绩”，艺术字样式为“填充：蓝色，主题色 1；阴影”，合并后居中。

② 设置 A2：J14 单元格区域为“套用表格格式”→“蓝色 表样式浅色 9”。

③ 将 A16：A17 单元格区域和 I16：I17 单元格区域方向设置为 30°。

④ 将 A15 单元格区域对齐方向设置为垂直文本。

⑤ 利用条件格式将 D2：D14 单元格区域小于 60，E2：E14 单元格区域小于 60，F2：F14 单元格区域小于 60 的数值均用红色（标准色）标出。

完成后的效果如图 1.3.7 所示。

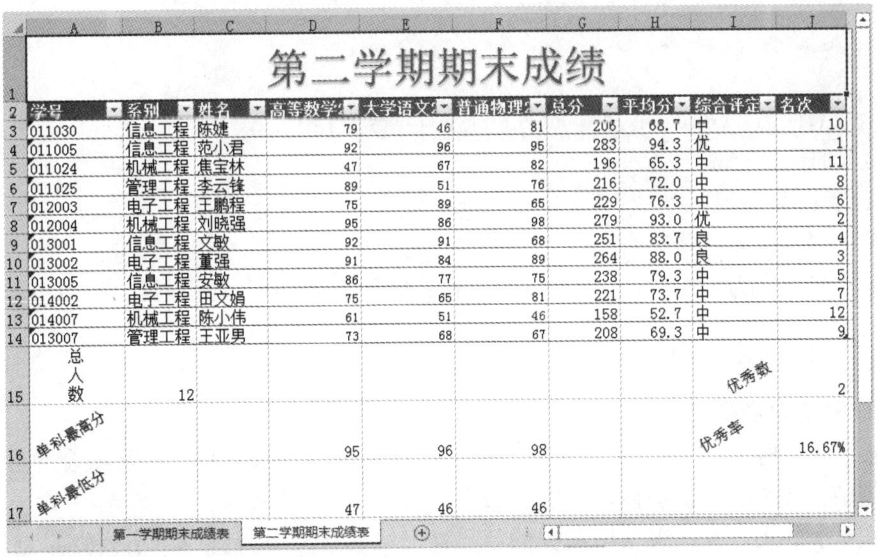

	A	B	C	D	E	F	G	H	I	J
1	第二学期期末成绩									
2	学号	系别	姓名	高等数学2	大学语文2	普通物理2	总分	平均分	综合评定	名次
3	011030	信息工程	陈婕	79	46	81	206	68.7	中	10
4	011005	信息工程	范小君	92	96	95	283	94.3	优	1
5	011024	机械工程	焦宝林	47	67	82	196	65.3	中	11
6	011025	管理工程	李云锋	89	51	76	216	72.0	中	8
7	012003	电子工程	王鹏程	75	89	65	229	76.3	中	6
8	012004	机械工程	刘晓强	95	86	98	279	93.0	优	2
9	013001	信息工程	文敏	92	91	68	251	83.7	良	4
10	013002	电子工程	董强	91	84	89	264	88.0	良	3
11	013005	信息工程	安敏	86	77	75	238	79.3	中	5
12	014002	电子工程	田文娟	75	65	81	221	73.7	中	7
13	014007	机械工程	陈小伟	61	51	46	158	52.7	中	12
14	013007	管理工程	王亚男	73	68	67	208	69.3	中	9
15	总人数	12							优秀数	2
16	单科最高分			95	96	98			优秀率	16.67%
17	单科最低分			47	46	46				

图 1.3.7　第二学期期末成绩表

第 1 题：打开 "excel.xlsx" 工作簿并按下列要求进行操作。

时间：预计 20 min。

（1）将 Sheet1 工作表的 A1：E1 单元格合并为一个单元格，内容水平居中。

（2）在 E4 单元格内计算所有职工的平均年龄（利用 AVERAGE 函数计算，保留小数点后 1 位）。

（3）在 E5 和 E6 单元格内计算男职工人数和女职工人数（利用 COUNTIF 函数计算）。

（4）在 E7 和 E8 单元格内计算男职工的平均年龄和女职工的平均年龄（先利用 SUMIF 函数分别求出年龄总和，保留小数点后 1 位，再利用总成绩/人数计算平均年龄）。

（5）最后将工作表命名为 "年龄统计表"，保存 excel.xlsx 文件。

完成后的效果如图 1.3.8 所示。

	A	B	C	D	E
1	某单位员工年龄统计表				
2	职工号	性别	年龄		
3	Y1	男	33		
4	Y2	女	38	平均年龄	37.0
5	Y3	男	30	男职工人数	19
6	Y4	男	28	女职工人数	11
7	Y5	女	24	男职工平均年龄	37.6
8	Y6	男	26	女职工平均年龄	36.1
9	Y7	男	26		
10	Y8	女	24		
11	Y9	男	22		
12	Y10	女	34		
13	Y11	男	45		
14	Y12	男	56		
15	Y13	女	23		
16	Y14	女	52		
17	Y15	男	59		
18	Y16	女	39		
19	Y17	男	41		

年龄统计表　S …

图 1.3.8　年龄统计表

第 2 题：打开 "A6.xlsx" 工作簿并按下列要求进行操作。

时间：预计 20 min。

（1）设置工作表行、列。

① 在标题下插入一行，行高为 17.75。

② 在 "账目" 为 "224" 之前插入两空行；随即将 "201" 和 "211" 的两行移至 "224" 一行之前。

③ 删除多余的空行。

（2）设置单元格格式。

① 标题文字格式：字体采用黑体，字号为 18，将 A1：E1 单元格区域合并后居中，底纹使用深蓝色（标准色），字体颜色为 "白色，背景 1"。

② 单元格格式设置：表格中数据的单元格区域数字分类为货币，小数位数为 2 位，应用货币符号是 "￥"，负数格式为 – 1,234.00（红色）。

③ 将 A4：A6 单元格和 A7：A9 单元格合并后居中，“合计”单元格与其左侧单元格合并后居中；表头和“账目”一列单元格居中。

（3）设置表格边框线。

为表格设置“内部”框线，表格的上、下框线为粗线。

（4）设置批注。

为负值单元格插入批注“超支”。

（5）重命名并复制工作表。

将 Sheet1 工作表重命名为“预算表”，并将此工作表复制到 Sheet2 工作表中。

（6）设置打印标题。

在 Sheet2 工作表的行号为 7 的一行前插入分页线；设置标题（第 1 行）和表头行（第 3 行）为打印标题。

完成后的效果如图 1.3.9 所示。

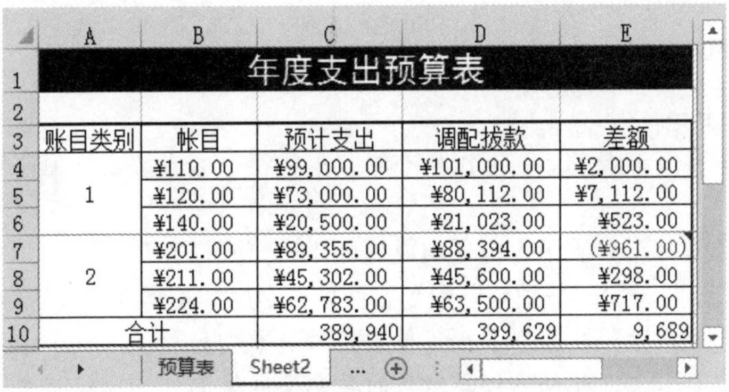

	A	B	C	D	E
1	年度支出预算表				
2					
3	账目类别	帐目	预计支出	调配拔款	差额
4	1	¥110.00	¥99,000.00	¥101,000.00	¥2,000.00
5		¥120.00	¥73,000.00	¥80,112.00	¥7,112.00
6		¥140.00	¥20,500.00	¥21,023.00	¥523.00
7	2	¥201.00	¥89,355.00	¥88,394.00	(¥961.00)
8		¥211.00	¥45,302.00	¥45,600.00	¥298.00
9		¥224.00	¥62,783.00	¥63,500.00	¥717.00
10	合计		389,940	399,629	9,689

图 1.3.9　Sheet2 工作表

第 3 题：打开电子表格：Excel.xlsx，按照下列要求完成对电子表格的操作并保存。

选择 Sheet1 工作表，将 A1:G1 单元格合并为一个单元格，文字居中对齐，依据本工作簿的“基础工资对照表”中信息，填写 Sheet1 工资表中“基础工资（元）”列的内容（要求利用 VLOOKUP 函数）。计算“工资合计（元）”列内容（要求利用 SUM 函数，数值型，保留小数点后 0 位）。计算工资合计范围和职称同时满足条件要求的员工人数置于 K7:K9 单元格区域“人数”列（条件要求详见 Sheet1 工作表中的统计表 1，要求利用 COUNTIFS 函数）。计算各部门员工岗位工资的平均值和工资合计的平均值分别置于 J14:J17 单元格区域“平均岗位工资（元）”列和 K14:K17 单元格区域“平均工资（元）”列（见 Sheet1 工作表中的统计表 2，要求利用 AVERAGEIF 函数，数值型，保留小数点后 0 位），利用条件格式将“工资合计（元）”列单元格区域值前 10%项设置为“浅红填充色深红色文本”，最后 10%项设置为“绿填充色深绿色文本”。

任务 3 工作表中的数据统计

 实验目的

（1）掌握数据的合并计算。
（2）掌握数据的排序。
（3）掌握数据的筛选（自动筛选、高级筛选）。
（4）掌握数据分类汇总和数据透视表。

二、实验内容

1. 合并计算

时间：预计 5 min。

打开"学生基本信息表.xlsx"工作簿中的"本学年平均成绩表"工作表，按下列要求进行操作。

（1）在第 1 行插入"本学年各科平均成绩表"，合并后居中。

（2）利用"数据"→"合并计算"命令，计算出学生"本学年（高等数学）平均分""本学年（大学语文）平均分"及"本学年（普通物理）平均分"。

操作提示：选定用于存放合并计算结果的单元格区域 D3：F14；单击"数据"→"合并计算"命令，弹出"合并计算"对话框，在"函数"下拉列表框中选择"平均值"，在"引用位置"下拉按钮下选择"第一学期期末成绩"的 D2：F13 单元格区域，单击"添加"，再选取"第二学期期末成绩"的 D2：F13 单元格区域，选中"创建指向源数据的链接"。

完成后的效果如图 1.3.10 所示。

		A	B	C	D	E	F
	1				本学年各科平均成绩表		
	2	学号	系别	姓名	本学年(高等数学)平均分	本学年(大学语文)平均分	本学年(普通物理)平均分
+	5	011030	信息工程	陈婕	85	67	88.5
+	8	011005	信息工程	范小君	87	93	94.5
+	11	011024	机械工程	焦宝林	56	71.5	69
+	14	011025	管理工程	李云锋	77	64.5	84
+	17	012003	电子工程	王鹏程	82	82	64
+	20	012004	机械工程	刘晓强	77.5	65.5	84
+	23	013001	信息工程	文敏	92.5	88.5	81.5
+	26	013002	电子工程	董强	73	86	89
+	29	013005	信息工程	安敏	78.5	59.5	69.5
+	32	014002	电子工程	田文娟	82	78.5	88
+	35	014007	机械工程	陈小伟	72	70	69
+	38	013007	管理工程	王亚男	72	79.5	82

◀ ▶ … 第一学期期末成绩 第二学期期末成绩 本学年平均成绩表 排序 … ⊕

图 1.3.10 本学年平均成绩单

2. 数据排序

时间：预计 5 min。

打开"学生基本信息表.xlsx"工作簿中的"排序表"工作表，按下列要求进行操作。

"排序表"工作表数据清单的内容，按照主要关键字"大学语文 1"的升序、次要关键字"大学语文 2"的降序和次要关键字"普通物理 1"的降序进行排序。

完成后的效果如图 1.3.11 所示。

	A	B	C	D	E	F	G	H	I	J
1	学号	系别	姓名	高等数学1	大学语文1	普通物理1	高等数学2	大学语文2	普通物理2	总分
2	013005	信息工程	安敏	71	42	64	86	77	75	415
3	012004	机械工程	刘晓强	60	45	70	95	86	98	454
4	012003	电子工程	王鹏程	89	75	63	75	89	65	456
5	011024	机械工程	焦宝林	65	76	56	47	67	82	393
6	011025	管理工程	李云锋	65	78	92	89	51	76	451
7	013001	信息工程	文敏	93	86	95	92	91	68	525
8	013002	电子工程	董强	55	88	89	91	84	89	496
9	011030	信息工程	陈婕	91	88	96	79	46	81	481
10	014007	机械工程	陈小伟	83	89	92	61	51	46	422
11	011005	信息工程	范小君	82	90	94	92	96	95	549
12	013007	管理工程	王亚男	71	91	97	73	68	67	467
13	014002	电子工程	田文娟	89	92	95	75	65	81	497

第一学期期末成绩 第二学期期末成绩 本学年平均成绩表 排序表 自动筛选应 ...

图 1.3.11　排序表

3. 数据筛选

时间：预计 5 min。

（1）单字段条件筛选。

对工作表"自动筛选应用 1"数据清单的内容进行自动筛选，系别设为"信息工程"。并将筛选结果复制到新表中，工作表名为"信息工程成绩"。

（2）多字段条件筛选。

对工作表"自动筛选应用 2"数据清单的内容进行自动筛选，需同时满足两个条件：条件 1 为：总分大于等于 500 或者小于等于 450；条件 2 为：系别设为"信息工程"。完成后将筛选结果复制到新表中，工作表命名为"筛选 1"。

完成后的效果如图 1.3.12 所示。

	A	B	C	D	E	F	G	H	I	J	K
1	学号	系别	姓名	高等数学1	大学语文1	普通物理1	高等数学2	大学语文2	普通物理2	总分	
2	011030	信息工程	陈婕	91	88	96	79	46	81	481	
3	011005	信息工程	范小君	82	90	94	92	96	95	549	
4	013001	信息工程	文敏	93	86	95	92	91	68	525	
5											

第二学期期末成绩 本学年平均成绩表 排序表 自动筛选应用1 自动筛选应用2 筛选1 高级 ...

图 1.3.12　筛选 1

4. 高级筛选

时间：预计 10 min。

（1）对工作表"高级筛选 1"工作表数据清单的内容进行高级筛选，需同时满足两个条件：条件 1 为：总分小于等于 450 或大于等于 500；条件 2 为：系列设为"信息工程"。完成后将筛选结果复制到新表中，工作表命名为"筛选 2"。

完成后的效果如图 1.3.13 所示。

	A	B	C	D	E	F	G	H	I	J
1	学号	系别	姓名	高等数学1	大学语文1	普通物理1	高等数学2	大学语文2	普通物理2	总分
2	011005	信息工程	范小君	82	90	94	92	96	95	549
3	013001	信息工程	文敏	93	86	95	92	91	68	525
4	013005	信息工程	安敏	71	42	64	86	77	75	415

◄ ► … 排序表 │ 自动筛选应用1 │ 自动筛选应用2 │ 筛选1 │ 高级筛选1 │ 筛选2 │ 高级筛选2 │ 筛选3 │ … ⊕

图 1.3.13　筛选 2

（2）利用"数据"→"高级筛选"命令对"高级筛选 2"工作表数据清单的内容进行高级筛选，需同时满足三个条件：条件 1 为：总分大于等于 450；条件 2 为：普通物理 1 成绩大于 90 分；条件 3 为：系别设为"信息工程"或"电子工程"。完成后将筛选结果复制到新表中，工作表命名为"筛选 3"。

完成后的效果如图 1.3.14 所示。

	A	B	C	D	E	F	G	H	I	J
1	学号	系别	姓名	高等数学1	大学语文1	普通物理1	高等数学2	大学语文2	普通物理2	总分
2	011030	信息工程	陈建	91	88	96	79	46	81	481
3	011005	信息工程	范小君	82	90	94	92	96	95	549
4	013001	信息工程	文敏	93	86	95	92	91	68	525
5	014002	电子工程	田文娟	89	92	95	75	65	81	497
6										

◄ ► … 自动筛选应用1 │ 自动筛选应用2 │ 筛选1 │ 高级筛选1 │ 筛选2 │ 高级筛选2 │ 筛选3 │ 数据分… ⊕

图 1.3.14　筛选 3

5. 数据分类汇总

时间：预计 5 min。

打开"学生基本信息表.xlsx"工作簿中的"数据分类汇总"工作表，按下列要求进行操作。

对工作表"数据分类汇总"数据清单的内容进行分类汇总，汇总计算各系各科目的平均值（分类字段为"系别"，汇总方式为"平均值"，汇总项为"高等数学 1""大学语文 1""普通物理 1""高等数学 2""大学语文 2""普通物理 2"），汇总结果显示在数据下方。

完成后的效果如图 1.3.15 所示。

	A	B	C	高等数学1	大学语文1	普通物理1	高等数学2	大学语文2	普通物理2	总分
1	学号	系别	姓名	高等数学1	大学语文1	普通物理1	高等数学2	大学语文2	普通物理2	总分
2	012003	电子工程	王鹏程	89	75	63	75	89	65	456
3	013002	电子工程	董强	55	88	89	91	84	89	496
4	014002	电子工程	田文娟	89	92	95	75	65	81	497
5		电子工程 平均值		77.66667	85	82.33333	80.33333	79.33333	78.33333	
6	011025	管理工程	李云锋	65	78	92	89	51	76	451
7	013007	管理工程	王亚男	71	91	97	73	68	67	467
8		管理工程 平均值		68	84.5	94.5	81	59.5	71.5	
9	011024	机械工程	焦宝林	65	76	56	47	67	82	393
10	012004	机械工程	刘晓强	60	45	70	95	86	98	454
11	014007	机械工程	陈小伟	83	89	92	61	51	46	422
12		机械工程 平均值		69.33333	70	72.66667	67.66667	68	75.33333	
13	011030	信息工程	陈婕	91	88	96	79	46	81	481
14	011005	信息工程	范小君	82	90	94	92	96	95	549
15	013001	信息工程	文敏	93	86	95	92	91	68	525
16	013005	信息工程	安敏	71	42	64	86	77	75	415
17		信息工程 平均值		84.25	76.5	87.25	87.25	77.5	79.75	
18		总计平均值		76.16667	78.33333	83.58333	79.58333	72.58333	76.91667	

图 1.3.15　数据分类汇总

6. 建立数据透视表

时间：预计 10 min。

打开工作簿文件 EXC.xlsx，对工作表"产品销售情况表"内数据清单的内容建立数据透视表，行标签为"产品名称"，列标签为"分公司"，求和项为"销售额（万元）"，并置于现工作表的 I32：V37 单元格区域，工作表名不变，保存 EXC.xlsx 工作簿。

完成后的效果如图 1.3.16 所示。

图 1.3.16　产品销售情况表

三、技能进阶

打开"某公司人员情况表"工作簿，按下列要求进行操作。

时间：预计 15 min。

（1）对"某公司人员情况表"数据清单按主关键字"职称"的升序和次要关键字"部门"的降序进行排序，再对排序后的数据清单内容进行分类汇总，计算各职称基本工资的平均值（分类字段为"职称"，汇总方式"平均值"，汇总项为"基本工资"），汇总结果显示在数据下方。

完成后的效果如图 1.3.17 所示。

图 1.3.17　某公司人员情况表

（2）对"某公司人员情况表"数据清单进行以下操作。

① 进行筛选，条件为"部门为销售部或研发部并且学历为硕士或博士"，如图 1.3.18 所示。

图 1.3.18　筛选

② 建立数据透视表，显示各职称基本工资的平均值以及汇总信息，设置数据透视表内数字为数值型，保留小数点两位。

完成后的效果如图 1.3.19 所示。

图 1.3.19　数据透视表

任务 4　图表操作

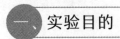

一、实验目的

（1）掌握 Excel 图表的创建。
（2）掌握图表的编辑和格式化。

二、实验内容

1. 图表的创建

时间：预计 30 min。

打开"销售数量统计表"工作簿中的"销售单"工作表，按下列要求进行操作。

选取 A2：A6 和 C2：D6 单元格区域数据建立"簇状柱形图"，以型号为 X 轴上的项，统计某型号产品每个月销售数量，图表标题为"销售数量统计图"，图例位置靠上，将图插入该工作表的 A8：G20 单元格区域内。

完成后的效果如图 1.3.20 所示。

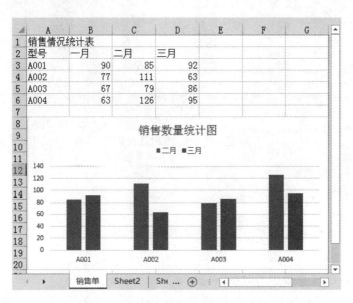

图 1.3.20　簇状柱形图

2. 图表的编辑、修改与修饰

打开"销售数量统计表"工作簿中的"销售单"工作表，选择"销售数量统计图"，按下列要求进行操作。

（1）在【图表工具｜设计】选项卡下【类型】组中选择"更改图表类型"命令，修改图表类型为"堆积柱形图"。

（2）向图表中添加源数据：将"销售单"工作表中的"一月"列的数据添加到图表中。

（3）选中图表的图表区，单击鼠标右键，选择"设置图表区域格式"，将"边框"设为"实线""蓝色"（标准色），"阴影"颜色设为"浅蓝"（标准色）。

（4）选中绘图区，单击鼠标右键，将绘图区边框设置为"实线""蓝色"（标准色），绘图区填充设置为"无填充"。

（5）将 X 轴和 Y 轴的字体设置为"黑体""常规""12"。

完成后的效果如图 1.3.21 所示。

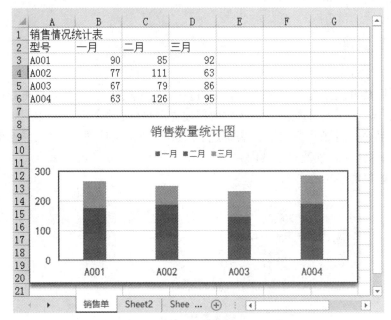

图 1.3.21　堆积柱形图

三、技能进阶

第 1 题：打开"职工工资表.xlsx"，按以下要求进行操作。

时间：预计 15 min。

（1）利用 Sheet2 工作表中的数据，完成下列操作。

选取 B2：C7 单元格区域的数据创建"三维簇状柱形图"，以科室名称为 X 轴；图表标题为"各科室实发工资"，字体为"宋体"，字号为"14"；坐标轴（X 轴和 Y 轴）字体为"宋体"，字号为"10"；取消图例，背面墙格式边框设置为"无线条"。Y 轴数据最小值为 3000，最大值为 19000，主要刻度单位为 2000。将图插入该工作表的 A10：F24 单元格区域内。

完成后的效果如图 1.3.22 所示。

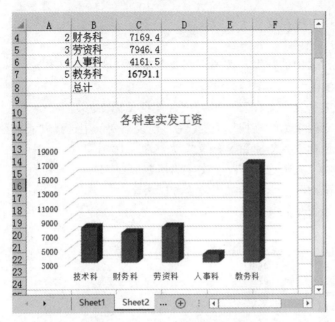

图 1.3.22　三维簇状柱形图

（2）利用 Sheet3 工作表中的数据，完成下列操作。

选取 B2：C7 单元格区域的数据创建"三维饼图"。以各科室名称为 X 轴，图表标题为"各科室奖金图"，图例置于图表右侧。利用【图表工具丨设计】选项卡下【图表布局】组中的"添加图表元素"→"数据标签"命令，将数据和图表之间用引导线相连，并将教务科中的数据 1892.4 置于样文所示位置，并填充白色。将图插入该工作表 A9：F20 单元格区域内。

完成后的效果如图 1.3.23 所示。

图 1.3.23　三维饼图

第2题：打开"各校在校学生人数表.xlsx"，按以下要求进行操作。

时间：预计 10 min。

利用 sheet1 工作表中的数据，按照下列要求制作"堆积面积图"。

（1）X 轴为学生的年级，图例为学校名称。

（2）图表标题文字为华文彩云，20 号字，蓝色（标准色）。

（3）图表区填充效果为"渐变填充"（在"预设渐变"中选择"浅色渐变-个性色 5"），图表区标题填充橙色背景，X 轴和 Y 轴文字为红色、10 号字。

（4）图例文字和"人数分配情况"文字为黑色，16 号字。

（5）修改"梨子山"小学二年级人数为 577 人。

完成后的效果如图 1.3.24 所示。

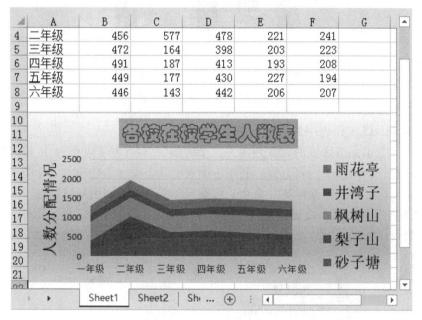

图 1.3.24　堆积面积图

项目 4 演示文稿制作软件 PowerPoint 2016

本项目共包括 3 个任务，主要内容包括演示文稿的基本操作和高级编辑。

任务 1 PowerPoint 2016 基本操作（1）

一、实验目的

（1）掌握 PowerPoint 2016 的启动与退出方法。

（2）了解 PowerPoint 2016 的工作界面。

（3）掌握创建演示文稿的几种方法。

（4）掌握演示文稿的文本、段落格式的设置。

（5）掌握演示文稿中图片、表格、图表的编辑方法。

（6）掌握演示文稿顺序调整的操作方法。

二、实验内容

（1）启动 PowerPoint 2016。

（2）根据设计模板创建演示文稿，并输入标题文字。

① 创建新幻灯片，使用主题"回顾"。

② 选用"标题幻灯片"版式，在标题占位符中输入文字"新世纪电脑公司简介"，字体为"微软雅黑"、56 号、红色。

③ 在副标题占位符中输入文字"市场销售部制作"，字体为"微软雅黑"、36 号、蓝色。

④ 在幻灯片的左上角位置插入"公司 logo.jpg"图片，适当调整图片的位置和大小，如图 1.4.1 所示。

新世纪电脑公司简介

市场销售部制作

图 1.4.1　创建演示文稿

（3）使用文本框、艺术字输入文字，并设置格式。

① 在第一张幻灯片后新建一张幻灯片，选用"空白"版式，在水平 13.5 厘米（自左上角），垂直 0.7 厘米（自左上角）位置处插入样式为"填充：橙色，主题色 1；阴影"的艺术字，输入文字"公司简介"，字体为黑体、44 号、红色。

② 插入横排文本框，输入文字，字体为黑体、24 号。

③ 设置首行缩进 1.3 厘米，1.5 倍行间距，段前 12 磅，段后 12 磅，如图 1.4.2 所示。

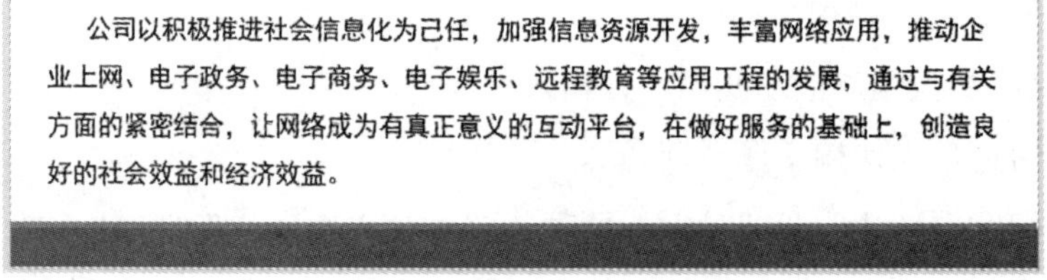

公司简介

公司成立于2012年4月7日，是一家专门从事资讯服务的公司，产品涉及软件开发、软件资讯、网络内容服务、网站建设、企业信息门户解决方案、网站架构开发、网页设计制作等信息产业相关服务。公司以"推进信息化、普及电脑知识"为宗旨，促进本地经济发展，提高自身实力。

公司以积极推进社会信息化为己任，加强信息资源开发，丰富网络应用，推动企业上网、电子政务、电子商务、电子娱乐、远程教育等应用工程的发展，通过与有关方面的紧密结合，让网络成为有真正意义的互动平台，在做好服务的基础上，创造良好的社会效益和经济效益。

图 1.4.2　使用文本框、艺术字输入文字

（4）使用 SmartArt 图形创建组织结构图，并设置格式。

① 新建幻灯片，选择"标题和内容"版式，在标题占位符中输入"公司组织结构图"，字体为黑体、44 号、红色、居中。

② 创建如图 1.4.3 所示的组织结构图，设置字体为宋体、24 号、加粗。

③ 设置"总经理"项填充色为深蓝色，如图 1.4.3 所示。

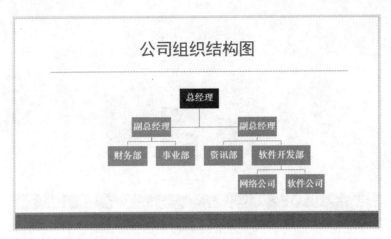

图 1.4.3　公司组织结构图

（5）创建表格，并设置格式。

① 新建幻灯片，选择"标题和内容"版式，在标题占位符中输入文字"近年销售业绩表"，字体为黑体、44号、红色、居中。

② 创建如图 1.4.4 所示的表格，设置表格内文本字体为黑体、28号，水平、垂直居中。

③ 设置表格外框线为 2.25 磅、红色、单实线，内部框线为 1.5 磅、蓝色、单实线。

④ 插入横排文本框，输入文字"单位：万元"，字体为黑体、28 号，置于表格右上方，如图 1.4.4 所示。

图 1.4.4　创建表格

（6）创建图表，并设置格式。

① 新建"标题和内容"版式幻灯片，在标题占位符中输入文字"近年销售业绩图"，字体为黑体、44号、红色、居中。

② 创建如图 1.4.5 所示的三维簇状柱形图表，图例置于图表上方，如图 1.4.5 所示。

图 1.4.5 创建图表

（7）保存演示文稿文件为"yswg.pptx"，退出 PowerPoint 2016。

完成后的效果如图 1.4.6 所示。

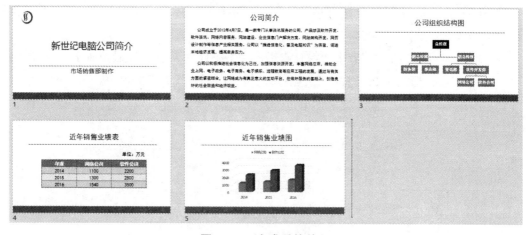

图 1.4.6 完成后的效果

任务2 PowerPoint 2016 基本操作（2）

一、实验目的

（1）掌握演示文稿内各种对象的基本操作。

（2）掌握演示文稿版式的修改和设置。

（3）掌握演示文稿的切换动画和演示文稿内对象动画的设置方法。

（4）掌握插入、删除、新建演示文稿等基本操作。

二、实验内容

打开演示文稿 yswg.pptx，按照下列要求对此文稿进行操作。

（1）文本的修饰及美化。

① 将第五张幻灯片的标题设置为"软件项目管理"，标题字体设置为"黑体"、字号54、加粗，艺术字样式设置为"填充：黑色，主题色4；软棱台"。

② 在标题下面插入一个横排的文本框，标题设置为"项目管理的主要任务"。文本框文字的对齐方式为"中部居中"，字体为"黑体"，字号为36，加粗。文本框中的文字不要自动换行，如图1.4.7所示。

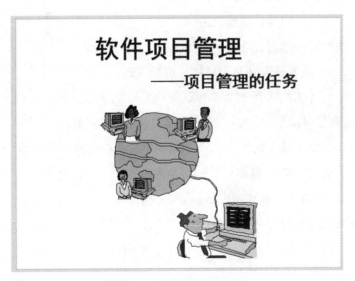

图1.4.7 修饰及美化文本

（2）新建幻灯片、设置版式及调整内容。

① 在第一张幻灯片前插入版式为"比较"的新幻灯片，设置其标题为"原型模型和增量模型"，标题字体设置为"黑体"，字号为54，加粗。

② 将第三张幻灯片的标题和图片分别移动到第一张幻灯片左侧的小标题和内容区。同样，将第四张幻灯片的标题和图片移动到第一张幻灯片右侧的小标题和内容区，如图 1.4.8 所示。

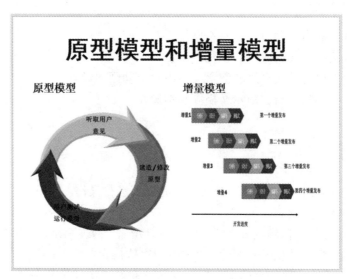

图 1.4.8　新建幻灯片、设置版式及调整内容

（3）幻灯片切换动画的设置及幻灯片的删除。

① 将第一张幻灯片的切换动画设置为"推入"。

② 删除第三张和第四张幻灯片。

（4）在幻灯片中创建表格，并对表格格式进行设置。

① 在第二张幻灯片前插入版式为"标题与内容"的新幻灯片，标题为"项目管理的主要任务与测量的实践"，标题字体为"黑体"，字号为 38，加粗。

② 内容区插入一个 3 行 2 列的表格，第 1 列的 2、3 行的内容依次为"任务"和"测试"，第 1 行第 2 列内容为"内容"。将第 3 张幻灯片内容区的文本移动到表格的第 2 行第 2 列，将第 4 张幻灯片内容区的文本移动到表格的第 3 行第 2 列。

③ 将整个表格的底纹设置为"橙色"，表格的外框线设置为"2.25 磅，红色，实线"，表格的内部框线设置为"1.5 磅，绿色，实线"。表格内所有文字的字体字号设置为"黑体，24 号"。

④ 表格第 1 列的内容垂直居中对齐，第 1 行的内容居中对齐，删除第 3 张和第 4 张幻灯片，使第 3 张幻灯片成为第 1 张幻灯片，如图 1.4.9 所示。

项目管理的主要任务与测量的实践	
	内容
任务	软件开发计划 软件规模估算 风险分析 度量 项目跟踪与监控
测试	项目管理者的责任 资源和成本的测量 项目进度与进展状态的测量 增长和稳定性测量 产品质量的测量

图 1.4.9　创建表格

最终效果如图 1.4.10 所示。

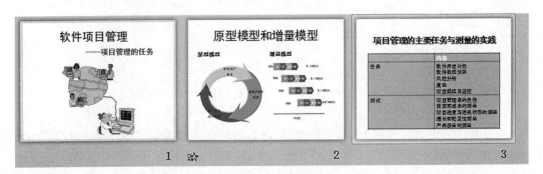

图 1.4.10　最终效果

任务 3 PowerPoint 2016 高级编辑

（1）掌握演示文稿字体的设置和修改。

（2）掌握 SmartArt 图形的编辑和修改。

（3）掌握演示文稿的动画设置。

（4）掌握演示文稿中音频的插入和操作。

（5）掌握演示文稿中超链接的使用方法。

（6）掌握设置演示文稿的放映方式。

（7）体会 PowerPoint 中简单的 PS 功能。

二、实验内容

打开"powerpoint.pptx"，按以下要求进行操作。

（1）更改演示文稿的字体。

将演示文稿中的所有中文文字字体由"宋体"替换为"微软雅黑"。

（2）对 SmartArt 图形进行操作。

① 为了布局美观，将第二张幻灯片中的内容区域文字转换为"基本维恩图"SmartArt 布局，更改 SmartArt 的颜色为"彩色-个性色"，并设置该 SmartArt 样式为"强烈效果"。

② 为上述 SmartArt 图形设置由幻灯片中心进行"缩放"的进入动画效果，并要求自上一动画开始之后，自动、逐个展示 SmartArt 中的 3 点产品特性文字，如图 1.4.11 所示。

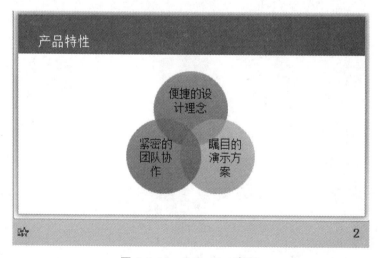

图 1.4.11 SmartArt 布局

（3）设置演示文稿的切换动画。

为演示文稿中的所有幻灯片设置不同的切换效果。其中第一张幻灯片设置为"门"，第二、三张幻灯片设置为"框"，第四、五张幻灯片设置为"缩放"，第六张幻灯片设置为"门"，如图 1.4.12 所示。

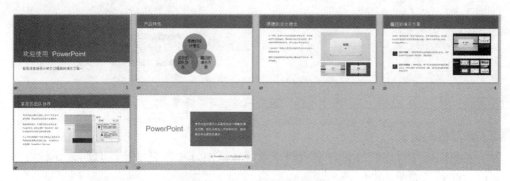

图 1.4.12　设置切换动画

（4）在演示文稿中插入背景音乐。

① 在第一张幻灯片中将素材库中的声音文件 backmusic.mid 作为该演示文稿的背景音乐。

② 要求在幻灯片放映时即开始播放，放映时音频图标隐藏，至演示文稿结束后停止，如图 1.4.13 所示。

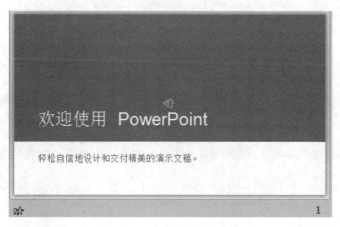

图 1.4.13　插入背景音乐

（5）为演示文稿设置超链接。

为演示文稿最后一张幻灯片右下角的图形添加指向网址 www.scemi.com 的超链接。

（6）对演示文稿分节操作。

为演示文稿创建 3 个节，其中"开始"节中包含第一张幻灯片，"更多信息"节包含最后一张幻灯片，其余幻灯片均包含在"产品特性"节中。

（7）对演示文稿中的图片进行简单的 PS 处理。

对第三张幻灯片中右侧第一张大图片进行裁剪，去掉图形外围的边框，如图 1.4.14 所示。

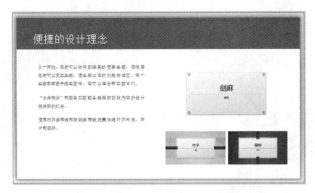

图 1.4.14　进行简单的 PS 处理

（8）设置放映方式。

为了实现幻灯片可以在展台自动放映，设置每张幻灯片的自动换片时间为 5 秒。
完成后的效果如图 1.4.15 所示。

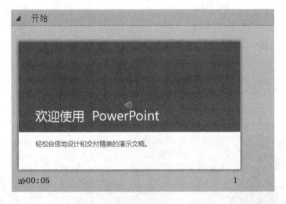

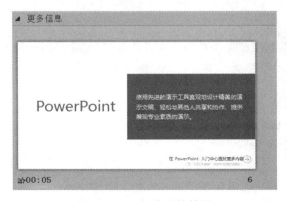

图 1.4.15　完成后的效果

项目 5　网络配置

任务 1　配置网络地址

小李新入职了一家公司，公司为小李在办公室内配备有一台办公用计算机。小李第一天上班，打开计算机怎么也连不上互联网，他联系公司网络管理中心，得知公司计算机上网需要手动配置 IP 地址，网络中心为他办公室的计算机已分配了一个 IP 地址（IP 地址：192.168.30.33，子网掩码：255.255.255.0，网关：192.168.30.1，DNS 服务器地址：192.168.20.90），他只需要将地址正确配置就能连上互联网。

一、实验目的

（1）掌握固定 IP 地址的配置方法。
（2）掌握配置 IP 地址的相关知识。

二、实验内容

1. 打开网络配置中心

右击桌面"网络"图标（如果桌面没有图标，可在桌面右击，点击"个性化"，在计算机的个性化设置中心进行添加），点击"属性"，打开"网络与共享中心"窗口，如图 1.5.1 所示。

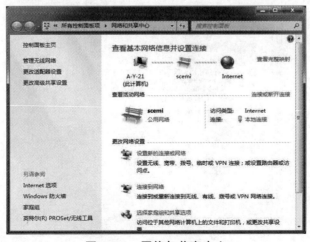

图 1.5.1　网络与共享中心

2. 打开网络连接

点击"更改适配器设置",打开"网络连接"窗口,如图 1.5.2 所示。

图 1.5.2　网络连接

3. 打开本地连接属性

右击"本地连接",点击"属性",打开"本地连接 属性"对话框,如图 1.5.3 所示。

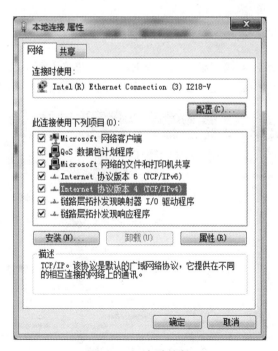

图 1.5.3　本地连接

4. 配置 IP 地址

选中"本地连接属性"对话框中的"Internet 协议版本 4（TVP/IPv4）"，点击"属性"，打开"Internet 协议版本 4（TCP/IPv4）属性"对话框，在对话框中输入网络中心为小李分配的地址信息，如图 1.5.4 所示。

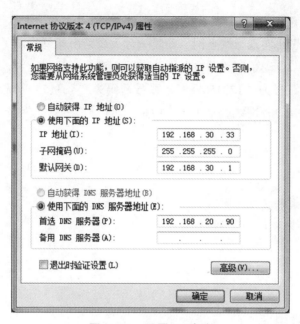

图 1.5.4　配置 IP 地址

通常情况下 IP 地址在网络中是唯一的。固定 IP 地址的配置需由网络管理员进行分配，如果自行配置会导致 IP 地址冲突，导致使用此 IP 地址的设备无法正常使用网络。

任务 2　配置无线路由器

小李家里安装了宽带，家里台式计算机能够上网，但手机和笔记本计算机不能无线上网。他从朋友处了解到，想要实现无线上网，安装一台无线路由器就可以了。他购买了一台无线路由器回家，想自己亲自动手配置路由器。他在网上查阅了相关资料，需要做以下准备：网络运营商提供的上网账号为"123456789"；账号密码为"123456"；无线路由器一台；路由器管理地址为 192.168.1.1；网线若干（至少两根）；计算机一台。

 实验目的

（1）掌握无线路由器的基本配置。
（2）掌握终端无线连接上网的操作方法。

 实验内容

1. 配置无线路由器

（1）设备连接。

使用网线将调制解调器（或光猫）与路由器的"WAN 口"相连接，将路由器的"LAN口"与计算机网卡相连接，如图 1.5.5 所示。

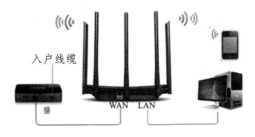

图 1.5.5　设备连接

注：设备连接过程中，一定要保证设备与线缆没有损坏，正确连接之后再通电测试。

（2）确认无线路由器与计算机之间通信已经建立。

通常无线路由器具有 DHCP 功能，即它能够给计算机自动分配与无线路由器管理地址同一网段的 IP 地址。计算机要自动获取 IP 地址也需要进行一个简单的配置，将计算机的网络连接设置为"自动获取 IP 地址"，见图 1.5.4。

可以采用"ping"命令的方式来验证计算机是否正确自动获取 IP 地址。在命令提示符窗

口中输入"ping 192.168.1.1"，如果连接正确，将会显示如图 1.5.6 所示的信息，否则表明无线路由器与计算机还没有建立通信连接。

图 1.5.6　验证是否建立通信连接

（3）登录无线路由器界面。

打开 IE 浏览器，在地址栏输入无线路由器管理地址"192.168.1.1"。这时会弹出无线路由器管理登录界面，输入用户名及密码（无线路由器说明书提供）即可进入无线路由器管理界面，下面几项操作都是在无线路由器管理界面上完成的。

（4）无线路由器配置。

无线路由器的软件配置比较简单，虽然不同品牌的无线路由器其配置参数略有不同，但其最重要的就是设置 ADSL 虚拟拨号和配置无线名称与密码。

在无线路由器配置界面中，首先设置 ADSL 虚拟拨号，在"WAN 口设置"对话框中，WAN 口连接类型选择"PPPoE（ADSL 虚拟拨号）"，输入上网账号和密码，如图 1.5.7 所示。

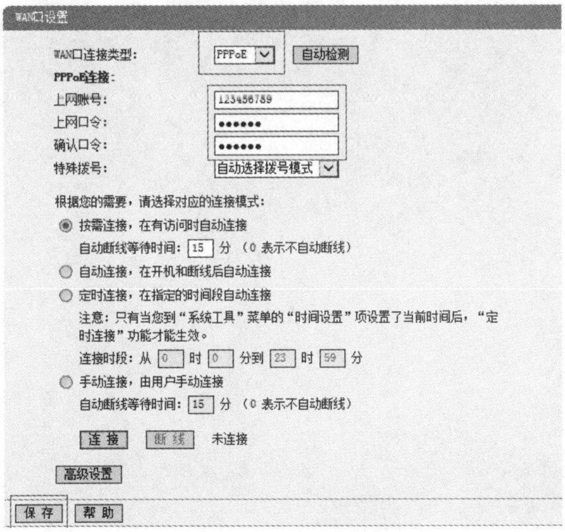

图 1.5.7　WAN 口设置

设置无线网络名称和密码，在无线设置对话框中设置无线网络名称为"scemi"，选中"WPA-PSK/ WPA2-PSK"，输入 PSK 密码"20010416"，如图 1.5.8 所示。

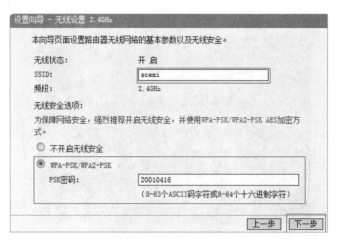

图 1.5.8　设置无线网络名称和密码

无线网络名称与密码设置完成之后，根据设置向导对话框提示，点击"下一步"完成设置，点击"重启"，重启之后无线路由器上网配置就完成了。

2. 终端无线连接上网

无线路由器配置完成之后，小李就想使用手机和笔记本计算机通过自己刚才架设的无线路由器访问互联网，但还差最后一步，还需要对他的手机和笔记本计算机进行一个设置，即将手机或笔记本计算机连接到他设置的无线网络"scemi"，并输入认证密码"20010416"，操作过程可参考项目 1 中的任务 3。

第 2 部分

技能实训

实训 1 明信片的制作

 实训目的

（1）熟悉页面设置及艺术边框的设置。
（2）了解 Word 2016 中绘图工具的简单使用。
（3）掌握图片背景版式的设置及调整方法。

 实训内容

建议学时：1 学时。

（1）页面设置：纸张大小为自定义，宽度为 18 厘米，高度为 10 厘米，横向纸张，上、下也边距为 1 厘米，左、右页边距为 1 厘米。

（2）边框设置：参照图 2.1.1 为文档添加艺术边框。

（3）文本框的使用：参照图 2.1.1 为文档添加文本框用于插入邮编及印章，并填充背景色彩。

（4）图片的插入：插入图片文件，并将其插入文档适当的位置中，按图 2.1.1 调整图片的版式及比例。

（5）明信片设置完成后，请以"明信片.docx"文件名保存到指定的文件夹下。

图 2.1.1 明信片

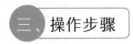

三、操作步骤

1. 页面设置

新建一个 Word 文档，打开【布局】功能选项卡，单击【页面设置】对话框，选择【纸张】选项，宽度设置为 18 厘米，高度为 10 厘米，选择【页边距】选项，设置上、下页边距为 1 厘米，左、右页边距为 1 厘米，横向纸张，如图 2.1.2 所示。

图 2.1.2　页面设置

2. 设置艺术边框

打开【设计】功能选项卡，并在【页面背景】组中选择【页面边框】选项，在【边框和底纹】对话框中，设置一种艺术边框，如图 2.1.3 所示。在【页面背景】组中选择【页面颜色】选项，选择合适的颜色。

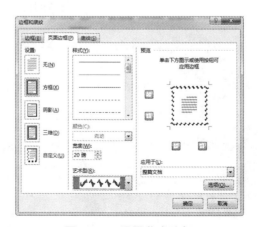

图 2.1.3　设置艺术边框

3. 插入艺术字

打开【插入】功能选项卡，并在【文本】组中选择【艺术字】选项，选取合适的样式，输入"祝父母：新年快乐寿比南山"字样的文本，并调整好它的大小和位置。

4. 插入文本框

打开【插入】功能选项卡，并在【文本】组中选择【文本框】选项，选择合适的文本框，将所需的文字插入文本框中，并设置文本框的格式，将【形状填充】设置为"无填充",【形状轮廓】设置为"无轮廓"。

5. 插入图片并设置环绕文字方式

打开【插入】功能选项卡，并在【插图】组中选择【图片】选项，从素材库中选择如图 2.1.1 所示的三张图片（明信片左下、右上、右下），调整图片的版式及比例。打开【图片工具 | 格式】功能选项卡，并在【排列】组中选择【位置】选项，选择合适的位置，然后调整好它们的大小。

实训 2　综合排版应用

 一、实训目的

（1）熟悉页面的设置方法以及中文版式的使用。

（2）熟练 Word 2016 的字符格式化及文本框的使用。

（3）掌握图片的插入方法及 Word 2016 中绘图工具的使用。

 二、实训内容

建议学时：4 学时。

具体设置项目及内容如表 2.2.1 所示，完成后的效果如图 2.2.1 所示。

表 2.2.1　设置项目及内容

项目		内容	字体	字号	操作提示
整体版面		纸张大小			纸张为 A4 幅面，横向。上、下页边距为 2.0 厘米，左、右页边距为 1.5 厘米
		页眉	宋体	五号	大学计算机应用基础综合排版应用
		页脚	宋体	五号	机电职业技术学院信息工程系
		添加页面边框			任意自选
内容一	正文	人类的文明	宋体	二号	利用在形状上添加文字的方式进行，再将图形进行组合即可
	正文	世界上最早的……进入神圣的殿堂	宋体	小五号	先在适当的位置插入两个文本框，并进行文本框链接，再将文本框的格式设置为"无填充"和"无线条"
内容二	标题	流程图	宋体	五号	先利用绘图工具绘制流程图并将图形进行组合，插入适当的位置
内容三	正文	生物芯片	隶书	36	标题"生物芯片"设置为艺术字，艺术字式样为"填充：蓝色，主题色1；阴影"（艺术字库中第1行第2列）；字体为隶书；环绕文字方式为嵌入型
		当前生物芯片有……健康和长寿造福	宋体	小五号	将文字和會（webdings）符号插入适当的位置
内容四	标题	课程表	黑体	小三号	
	正文	表格	宋体	六号	可以先插入一个横向文本框并将文本框的格式设置为"无填充"和"无线条"，再在文本框中插入样文所示的表格
内容五	正文	资源管理器窗口部分内容图片			利用 QQ 截图等工具将资源管理器复制到【附件】|【画图】程序中处理后复制到适当的位置

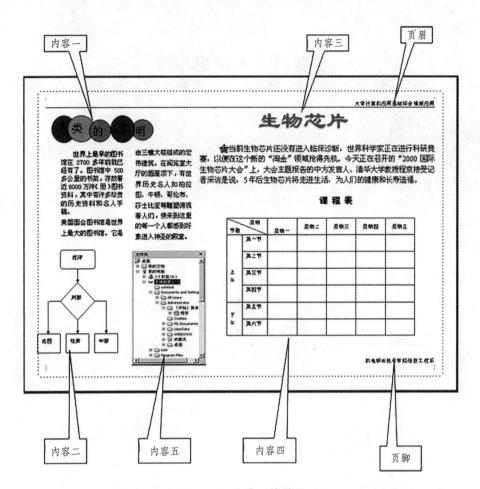

图 2.2.1 完成后的效果

实训 3 手抄报设计

 实训目的

（1）通过综合排版练习进一步熟悉 Word 2016 编辑方法。

（2）掌握利用 Word 2016 进行简报设计的简易方法。

 实训内容

建议学时：6 学时。

具体设置项目及内容如表 2.3.1 所示，完成后的效果如图 2.3.1 所示。

表 2.3.1 设置项目及内容

栏目		文字内容	版式要求		
			字体	字号	参考提示
刊头		现代科学与技术	华文行楷	55 磅	设置红色底纹，白色字
		Modern Science and Technology	Broadway BT	二号	
		日期、主办……	宋体	五号	
栏目一	标题	如何面对……	黑体	二号	
	正文	十五大报告……	宋体	小五号	
栏目二	标题	Web 网页配色方案	华文中宋	小二号	
	正文	红色的色感温暖……	宋体	小五号	
栏目三	标题	中国第一位飞机……	隶书	小四	
	正文	冯如（1883—1912）……	华文新魏	五号	插入"冯如"图片
栏目四	标题	元数据在电视领域的应用	黑体	五号	
	正文	随着科学技术……	楷体	小五号	
栏目五	标题	科技文化生活天地	隶书	小一号	插入"神五"图片
	正文	科学探索……	宋体	五号	加项目符号
栏目六	标题	世界最大的图……	宋体	36	艺术字 插入"图书"图片
	正文	世界上最早的……	宋体	小五号	加底纹
栏目七	标题	软件工程的五……	宋体	三号	
	正文	面向流程分……	宋体	小五号	加项目标号

栏目		文字内容	版式要求		
			字体	字号	参考提示
栏目八	标题	惊爆消息……	宋体	三号、小四	特效用形状处理
	正文	随着高端……	宋体	小五号	
栏目九	标题	行走是人类最好的运动		三号	用形状处理
	正文	俗话说……	宋体	小五号	插入"行走"图片
整体版面		纸张为 A3 幅面大小，横向放置。上、下页边距为 2.2 厘米，左右页边距为 2.4 厘米			
		利用表格形式进行版面处理			
		添加页面艺术边框			
		字体色彩自行搭配			

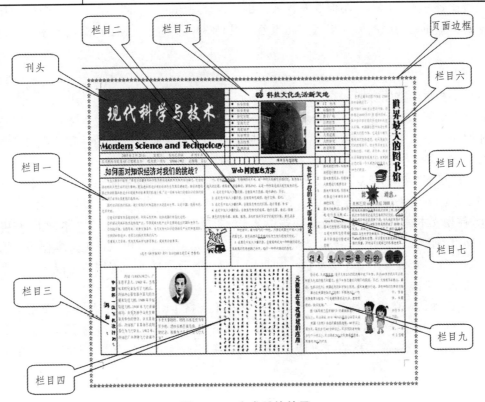

图 2.3.1 完成后的效果

三、操作步骤

1. 准备工作

（1）步骤 1：稿件的筹集和选取。

要制作手抄报，先要有一定数量的稿件素材，然后从题材、内容、文本等方面考虑，从中挑选有代表性的稿件进行修改，控制稿件字数和稿件风格。

有了稿件后，就可以设计版面了。先要确定纸张的大小，然后在纸面上留出标题文字和图形的空间，再把剩余空间分配给各个稿件，并且对每个稿件的标题和题图的大概位置都要心里有数。同时，要注意布局的整体协调性和美观性。

（2）步骤2：文本的输入。

整体框架建立好后，就可以在相应的位置输入稿件的内容了。

（3）步骤3：格式的设置。

在正文都输入好以后，可以对标题文字和正文的字体、字号和颜色等进行设置。有些标题文字可以考虑用艺术字，正文也可以进行竖排版。在适当的位置插入图形，并进行相应的处理，如水印效果等。也可以利用形状工具绘制图形，但要注意调节图形的大小和比例，同时设置好环绕文字方式和叠放次序。

（4）步骤4：搜索图片素材。

一份比较好的手抄报，不但要有优秀的稿件、合理的布局，同时也要有合适的图片。一般说来，板报所配的题图要为表现主题服务，因而图片内容要与主题相贴近或相关。

2．排版方法

（1）手抄报的整体协调。

在文字和图形都排好后，报刊基本上就完成了。检查一下文字有没有输错，图形是否与文字相照应，重点文字是不是很突出等。最后注意一下整体布局的合理性和色彩的平衡性。

（2）文字块的分割方法。

报刊的版面一般都很复杂，仅通过分栏、图文混排等操作是不能完成的。一般情况下，可以用下面的方法来分割文字块。

①　使用文本框。单击【插入】功能选项卡，在【文本】组中单击【文本框】，在屏幕上拖动，即可画出一个文本框。可以调节文本框的大小和位置，也可以设置文本框的背景和边框颜色。一般一个稿件用一个文本框，如果同一稿件有分栏情况，就用两个或两个以上的文本框。如果是竖排文字，就用竖排文本框。

②　绘制表格。单击【插入】功能选项卡，在【表格】组中选择【表格】，单击【绘制表格】，就可以在屏幕上绘制表格线。选中表格，单击【表格工具设计/布局】功能选项卡，选择组中的相应功能完成表格格式排版。画好表格线后，便可在各个单元格内输入文字或在适当位置插图。

实训 4　自动批量信封的制作

许多学校或公司常常需要给学生或客户寄信,信封上的地址和姓名等信息若用手工填写,工作量较大,而且效率也较低。我们可以把这些工作交给 Word 2016 和 Excel 2016 来完成。

一、实训目的

(1)掌握邮件合并功能。
(2)学会 Word 2016 和 Excel 2016 的综合应用,从而提高工作效率。

二、实训内容

建议学时:6 学时。
实例效果如图 2.4.1 所示。

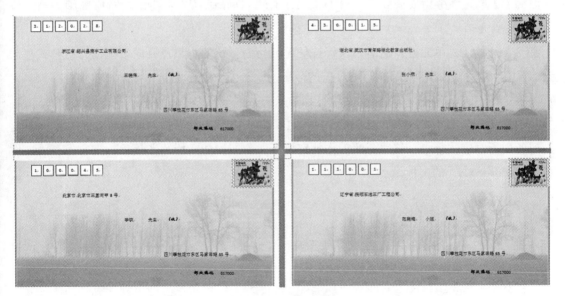

图 2.4.1　实例效果

(1)学习通过 Excel 函数来分解邮政编码。
(2)学习制作信封母板。
(3)学会创建数据链接。
(4)学习进行批量打印。

1．分解邮政编码

（1）先在 Excel 2016 中建立好一个通信录工作表，如图 2.4.2 所示。注意本例的收信人、地址皆为虚构。

	A	B	C	D	E	F
1	编号	收信人	称呼	省份	收信人地址	邮编
2	1	王晓伟	先生	浙江省	绍兴县南宇工业有限公司	312028
3	2	张小燕	先生	湖北省	武汉市青年路湖北教育出版社	430015
4	3	李铁	先生	北京市	北京市三里河甲8号	100045
5	4	范晓梅	小姐	辽宁省	抚顺石油三厂工程公司	113001
6	5	郑彬	女士	河南省	洛阳市石化总厂	471012

Sheet1　Sheet2　Sheet3

图 2.4.2　通信录工作表

（2）由于信封上的收信人的邮编一般是按格子分开来填写的，所以必须把 6 位邮编拆分为独立的 6 个数字。从"邮编"（注：本例"邮编"在 F 列）的后一列 G1 开始，连续 6 列的第一行分别命名为"编 1""编 2""编 3""编 4""编 5"和"编 6"。接着在"编 1"下面的 G2 单元格中输入公式" = MID（F2,1,1）"，回车确认后将会出现对应邮编的第一位数字。

（3）选择 G2 单元格，然后用鼠标按住单元格右下角的小黑点并向下拖动，将公式复制到 G 列的每一行，它将立即显示出对应的数字。

（4）在 H2，I2，…，L2 单元格中分别输入公式" = MID（F2,2,1）"" = MID（F2,3,1）"" = MID（F2,4,1）"" = MID（F2,5,1）"" = MID（F2,6,1）"，然后按前面的方法把它们向下复制到各列所对应的行中，邮编分解工作就完成了，如图 2.4.3 所示。最后，把它保存为文件名为"addree.xls"的文件。

	A	B	C	D	E	F	G	H	I	J	K	L
1	编号	收信人	称呼	省份	收信人地址	邮编	编1	编2	编3	编4	编5	编6
2	1	王晓伟	先生	浙江省	绍兴县南宇工业有限公司	312028	3	1	2	0	2	8
3	2	张小燕	先生	湖北省	武汉市青年路湖北教育出版社	430015	4	3	0	0	1	5
4	3	李铁	先生	北京市	北京市三里河甲8号	100045	1	0	0	0	4	5
5	4	范晓梅	小姐	辽宁省	抚顺石油三厂工程公司	113001	1	1	3	0	0	1
6	5	郑彬	女士	河南省	洛阳市石化总厂	471012	4	7	1	0	1	2

Sheet1　Sheet2　Sheet3

图 2.4.3　分解邮政编码

（5）由于在打印信封时，一般还必须把寄信人的地址和邮编也打印上去，所以可以先在通信表中加入"寄信人地址"和"寄信人邮编"，并将地址与邮编输入对应的行中，如图 2.4.4 所示。

F	G	H	I	J	K	L	M	N
邮编	编1	编2	编3	编4	编5	编6	寄信人地址	寄信人邮编
312028	3	1	2	0	2	8	四川攀枝花市东区马家田路65号	617000
430015	4	3	0	0	1	5	四川攀枝花市东区马家田路65号	617000
100045	1	0	0	0	4	5	四川攀枝花市东区马家田路65号	617000
113001	1	1	3	0	0	1	四川攀枝花市东区马家田路65号	617000
471012	4	7	1	0	1	2	四川攀枝花市东区马家田路65号	617000

图 2.4.4　地址和邮编

2. 制作信封母板

（1）打开 Word 2016 并新建一个文档，通过【布局】功能选项卡的【页面设置】组打开页面设置对话框，采用自定义形式设置页面大小，宽度为 22 厘米，高度为 11 厘米（目前通用的标准信封为 110 毫米 × 220 毫米）。上、下、左、右页边距为 0.4 厘米，横向纸张。

（2）单击【插入】功能选项卡下【插图】组中的【图片】插入一张图片，再点击【图片工具丨格式】功能选项卡的下【排列】组中的【环绕文字】命令，把环绕文字方式设置为"衬于文字下方"，如图 2.4.5 所示。然后，通过拖动边框使图片与页面的大小一致。

图 2.4.5　设置环绕文字方式

（3）单击【插入】功能选项卡下【文本】组中的【文本框】，制作邮编的小方框。

3. 创建数据链接

（1）单击【邮件】功能选项卡下【开始邮件合并】组中的【选择收件人】命令，选择"使用现有列表"，打开"选取数据源"对话框，选取准备好的通信录表，然后单击【打开】按钮，如图 2.4.6 所示。

图 2.4.6 选取数据源

（2）先将光标置于填写邮编的第一个文本框内，再单击【邮件】功能选项卡下【编写和插入域】组中的【插入合并域】，接着从弹出的选项框中选择"编 1"，该域的值就被插入文本框中了，如图 2.4.7 所示。

图 2.4.7 插入合并域

（3）按同样的方法，将剩下的 5 个邮编数字也插入对应的文本框中。按域的前后顺序，依次在接下来的几行中分别插入《省份》、《收信人地址》、《收信人》、《称呼》、《寄信人地址》和《寄信人邮编》，如图 2.4.8 所示。直接在页面上插入域时，如果上下位置不易对齐，可以采用文本框的形式，这样就可以自由摆放了。

图 2.4.8 插入域

（4）域插入完成后，还可以选中相应的域，然后对其格式（如字体、字号等）进行不同的设置，使它们更符合所需要的样式。

4. 批量输出与打印

（1）单击【邮件】功能选项卡下【完成】组中的【完成并合并】，然后选择"编辑单个文档"，在弹出的"合并到新文档"对话框中按需要选择，如图 2.4.9 所示。

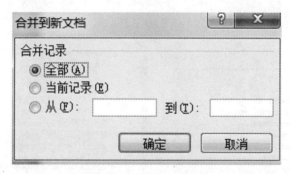

图 2.4.9　合并到新文档

（2）【全部】选项表示合并数据源中的所有记录；【当前记录】表示只将当前的记录合并到新文档；【从…到…】用于指定合并记录的范围，在"从"和"到"框中指定记录开始和结束的编号。选择好后，单击【确定】按钮，信封就批量地处理好了。以后如果要打印给其他人时，只要在 address.xlsx 表中更改或添加记录就可以了，其他地方都不必改动。

实训 5　对书稿进行综合排版

某出版社有一篇关于财务软件应用的书稿需要进行排版，任务交到了小刘手中，于是他准备利用 Word 2016 对书稿进行综合排版。

（1）掌握样式、目录、题注、页面布局、页眉和页脚等知识点。
（2）学会 Word 2016 的综合排版应用。

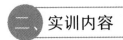

建议学时：6 学时。

实例效果（目录部分）如图 2.5.1 所示。

图 2.5.1　实例效果

（1）按下列要求对书稿进行页面设置：纸张大小为 A4，对称页边距，上页边距为 2.5 厘米、下页边距为 2 厘米，左页边距为 2.5 厘米、右页边距为 2 厘米，装订线 1 厘米，页脚距边界 1 厘米。

（2）书稿中包含三个级别的标题，分别用"（一级标题）""（二级标题）"和"（三级标题）"字样标出。对书稿、多级列表以及样式格式进行相应修改。样式应用结束后，将书稿中各级标题文字后面括号中的提示文字及括号"（一级标题）""（二级标题）"和"（三级标题）"全部删除。

（3）书稿中有若干表格及图片，分别在表格上方和图片下方的说明文字左侧添加形如"表 1-1""表 2-1""图 1-1""图 2-1"的题注，其中连字符"-"前面的数字代表章号、"-"后面的数字代表图表的序号，各章节图和表分别连续编号。添加完毕后，将样式"题注"的格式修改为仿宋、小五号、居中。在书稿中用红色标出的文字的适当位置，为表格和图片设置自动引用其题注号。为第 2 张表格"表 1-2 好朋友财务软件版本及功能简表"套用一个合适的表格样式，保证表格第 1 行在跨页时能够自动重复，且表格上方的题注与表格总在一页上。

（4）在书稿的最前面插入目录，要求包含标题第 1～3 级及对应页号。目录、书稿的每一章均为独立的一节，每一节的页码均以奇数页为起始页码。

（5）目录与书稿的页码分别独立编排，目录页码使用大写罗马数字（Ⅰ、Ⅱ、Ⅲ、…），书稿页码使用阿拉伯数字（1、2、3、…），且各章节间连续编码。除目录首页和每章首页不显示页码外，其余页面要求奇数页页码显示在页脚右侧，偶数页页码显示在页脚左侧。

（6）将素材文件夹下的图片"Tulips.jpg"设置为本文稿的水印，水印处于书稿页面的中间位置，为图片增加"冲蚀"效果。

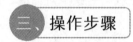

三、操作步骤

1. 页面设置

页面设置就是 Office 下面的一个排版过程，是排版中最常用的技巧。页面设置可以调整页面的大小和行、列数，还能调整页边距的大小，行、列之间的间隔等。本书稿的具体操作如下：

打开素材文件夹下的"会计电算化节节高升.docx"素材文件。单击【布局】选项卡下【页面设置】组中的对话框启动器按钮，在打开的对话框中按照要求进行设置，如图 2.5.2 所示。

图 2.5.2　页面设置

2. 应用样式

样式就是指一组已经命名的字符格式或段落格式。通过使用样式就可以批处理地给文本设定格式。使用样式与直接设定格式相比有以下三个优点：

- 使用样式可以提高效率，一个样式可以包括一组格式。
- 使用样式可以保证格式的一致性，即同一样式的文本具有完全相同的格式。
- 使用样式可以方便修改，修改了样式就可以指定为这一样式的所有文本都作出修改。

（1）应用样式。

分别选中带有"（一级标题）""（二级标题）""（三级标题）"提示的整段文字，为"（一级标题）"段落应用【开始】选项卡下【样式】组中的"标题1"样式。使用同样方式分别为"（二级标题）"和"（三级标题）"所在的整段文字应用"标题2"样式和"标题3"样式。单击【设计】功能选项卡，在【文档格式】组中选择"极简"样式。单击【开始】选项卡下【段落】组中的"多级列表"按钮，在下拉列表中选择多级列表。

（2）删除文本。

单击【开始】选项卡下【编辑】组中的"替换"按钮，弹出"查找与替换"对话框，在"查找内容"中输入"（一级标题）"，"替换为"不输入，单击"全部替换"按钮。按上述同样的操作方法删除"（二级标题）"和"（三级标题）"。

3. 为表格和图片插入题注

题注是可以添加到表格、图表、公式或其他项目上的编号标签，例如"图表1""表格1-1"等。本书稿的具体操作如下：

（1）设置表题注格式。

将光标插入表格上方说明文字左侧，单击【引用】选项卡下【题注】组中的"插入题注"按钮，在打开的对话框中按照要求进行设置，如图2.5.3所示。

图 2.5.3　设置表题注格式

（2）修改题注样式。

选中添加的题注，单击【开始】选项卡下【样式】组右侧的下三角按钮，在打开的"样式"窗格中选中"题注"样式，并单击鼠标右键，在弹出的快捷菜单中选择"修改"即可打开"修改样式"对话框，按照要求进行设置，如图 2.5.4 所示。

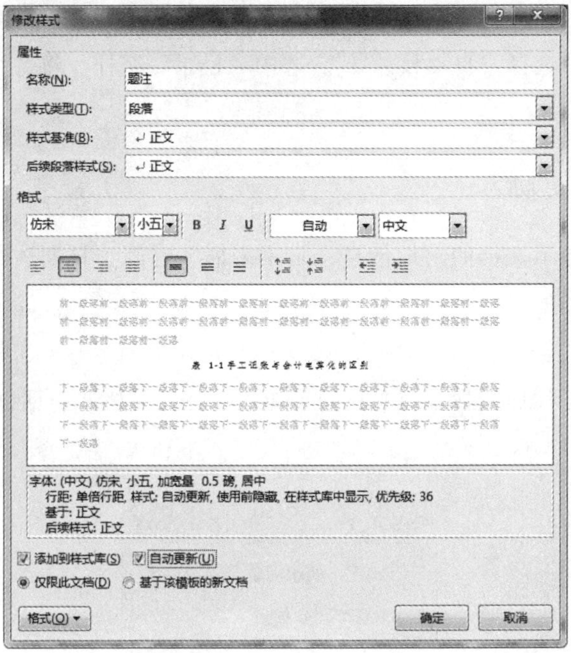

图 2.5.4　修改题注样式

（3）设置图题注格式。

使用同样的方法在图片下方的说明文字左侧插入题注，并设置题注格式。

（4）表格和图片设置自动引用其题注号。

将光标插入被标红文字的合适位置，此处以第一处标红文字为例，将光标插入"如"字的后面，单击【引用】选项卡下【题注】组中的"交叉引用"按钮，在打开的对话框中，将"引用类型"设置为表，"引用内容"设置为只有标签和编号，在"引用哪一个题注"下选择"表-1 手工记账与会计电算化的区别"，单击"插入"按钮。使用同样方法在其他标红文字的适当位置，设置自动引用题注号，最后关闭该对话框。

（5）套用表格样式。

打开素材文件夹下的"会计电算化节节高升.docx"素材文件，选择素材中的表 1-2，在【表格工具｜设计】选项卡下的【表格样式】组中为表格套用一个样式，此处我们选择"网格表 1 浅色-着色 5"。将光标定位在表格中，单击【表格工具｜布局】选项卡下【表】组中的"属性"按钮，在弹出的对话框中勾选"允许跨页断行"复选框。选中标题行，单击【数据】组中的"重复标题行"。

4. 生成目录

要在较长的 Word 文档中成功添加目录，应该正确采用带有级别的样式，例如"标题 1"~"标题 9"样式。尽管也有其他的方法可以添加目录，但采用带级别的样式是最方便的一种。本书稿的具体操作如下：

将光标插入书稿最前面的空白页中，单击【引用】选项卡下【目录】组中的"目录"下拉按钮，在下拉列表中选择"自动目录 1"。选中"目录"字样，将"目录"前的项目符号删除，并更新目录。

5. 设置页眉和页脚

页眉和页脚通常显示文档的附加信息，常用来插入时间、日期、页码、单位名称、徽标等。本书稿的具体操作如下：

（1）设置页码格式。

根据题意要求将光标插入目录首页的页码处，打开页码格式对话框，按照要求进行设置，如图 2.5.5 所示。

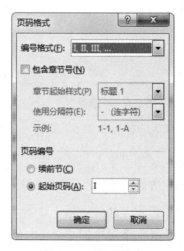

图 2.5.5　页码格式

将光标插入每一章的第一页页码中，用同样的方法完成页码格式。

（2）设置奇偶页页码。

将光标插入目录页的第一页页码中，在【页眉和页脚工具丨设计】选项卡下勾选【选项】组中的"首页不同"和"奇偶页不同"复选框，并使用同样方法为下方其他章的第一页设置"首页不同"和"奇偶页不同"。将光标移至第二页中，单击【插入】选项卡下【页眉和页脚】组中的"页码"按钮。在弹出的下拉列表中选择"页面底端"的"普通数字 1"。将鼠标光标移至第三页中，单击【插入】选项卡下【页眉和页脚】组中的"页码"按钮，在弹出的下拉列表中选择"页面底端"的"普通数字 3"。单击"关闭页眉和页脚"按钮。

6. 设置水印

水印是显示在文档后面的文字或图片，它们可以增加趣味或标识文档的状态。本书稿的具体操作如下：

将光标插入文稿中，单击【页面布局】选项卡下【页面背景】组中的"水印"下拉按钮，在下拉列表中选择"自定义水印"，在打开的对话框中按照要求进行设置，如图 2.5.6 所示。

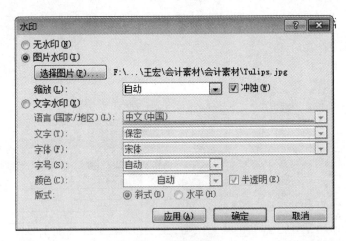

图 2.5.6　水印

实训 6 文本函数的综合应用：从身份证号码中提取信息

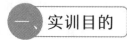

一、实训目的

练习使用有关的字符串函数、日期函数及其他函数。

二、实训内容

建议学时：2 学时。

根据员工身份证号码提取有关信息，如图 2.6.1 所示。

工号	姓名	部门	身份证号码	出生年月日			出生日期	性别	户口所在地
				年	月	日			
001	AA1	dept1	110108198011232395						
002	AA2	dept1	310105198603122238x						
003	AA3	dept2	310108198805012384						
006	AA6	dept3	32050419570521101x						
007	AA7	dept3	321111198611084239						

身份证　地区编码

图 2.6.1 员工身份证号码信息

三、操作步骤

（1）在国家统计局网站上下载"全国各地区编码"，并复制到 Excel 中，将工作表命名为"地区编码"。注意：从 Word 中将编码复制到 Excel 中后，可以使用"数据"选项卡中的"分列"功能将编码分为"编码"和"户口地"两列，并将数据类型转换为"文本"型。

完成后的效果如图 2.6.2 所示。

	A	B	C
1	编码	户口地	
2518	510401	四川省攀枝花市市辖区	
2519	510402	四川省攀枝花市东区	
2520	510403	四川省攀枝花市西区	
2521	510411	四川省攀枝花市仁和区	
2522	510421	四川省攀枝花市米易县	
2523	510422	四川省攀枝花市盐边县	
2524	510500	四川省泸州市	
2525	510501	四川省泸州市市辖区	
2526	510502	四川省泸州市江阳区	
2527	510503	四川省泸州市纳溪区	
2528	510504	四川省泸州市龙马潭区	

…　地区编码

图 2.6.2 分列

（2）利用 MID（）函数得到出生年份、月份及出生日。

在"身份证"工作表中单击 E3 单元格，输入公式"=MID(D3,7,4)"，得到出生年份数字。

在"身份证"工作表中单击 F3 单元格，输入公式"=MID(D3,11,2)"，得到出生月份数字。

在"身份证"工作表中单击 G3 单元格，输入公式"=MID(D3,13,2)"，得到出生日数字。

注：MID 函数简述。

主要功能：从一个文本字符串的指定位置开始，截取指定数目的字符。

使用格式：MID(text,start_num,num_chars)

参数说明：text 代表一个文本字符串；start_num 表示指定的起始位置；num_chars 表示要截取的数目。

完成后的效果如图 2.6.3 所示。

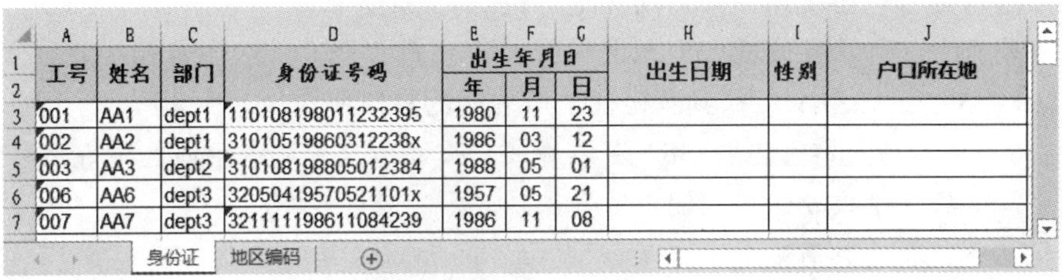

图 2.6.3 出生年月日

（3）在"身份证"工作表中单击 H3 单元格，输入公式"=DATE(E3,F3,G3)"，将出生年、月、日 3 个数字合并为一个真正的出生日期。

注：DATE 函数简述。

主要功能：返回代表特定日期的序列号。

使用格式：DATE(year,month,day)

参数说明：year、month、day 分别为数字的年、月、日。

完成后的效果如图 2.6.4 所示。

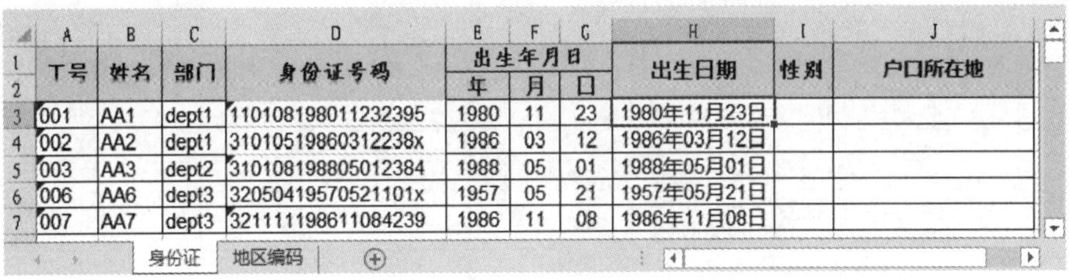

图 2.6.4 出生日期

（4）从身份证号码中提取"性别"信息。

在"身份证"工作表中单击 I3 单元格，输入公式"=IF(ISEVEN(MID(D3,17,1)),"女","男")"，判断性别。注意：性别是根据身份证号码的倒数第二位判断，奇数为男，偶数为女。

注：ISEVEN 函数简述。

主要功能：判断数字是否为偶数。如果是，则返回 TRUE，否则返回 FALSE。

使用格式：ISEVEN(number)

参数说明：number 表示需要判断是否为偶数的数字。

完成后的效果如图 2.6.5 所示。

	A	B	C	D	E	F	G	H	I	J
1	工号	姓名	部门	身份证号码	出生年月日			出生日期	性别	户口所在地
2					年	月	日			
3	001	AA1	dept1	110108198011232395	1980	11	23	1980年11月23日	男	
4	002	AA2	dept1	31010519860312238x	1986	03	12	1986年03月12日	女	
5	003	AA3	dept2	310108198805012384	1988	05	01	1988年05月01日	女	
6	006	AA6	dept3	32050419570521101x	1957	05	21	1957年05月21日	男	
7	007	AA7	dept3	321111198611084239	1986	11	08	1986年11月08日	男	

身份证　地区编码

图 2.6.5　性别

（5）从身份证号码中提取"户口所在地"信息。

在"身份证"工作表中单击 J3 单元格，输入公式"=VLOOKUP(LEFT(D3,6)，地区编码!\$A\$2:\$B\$3466,2,FALSE)"，得到身份证上所表明的户口所在地。

说明："地区编码!\$A\$2:\$B\$3466"是指查找区域在地区编码表中列区域为 A～B 列，行区域为 2～3466 行，\$ 表示绝对引用。

注：VLOOKUP 函数简述。

主要功能：在数据表的首列查找指定的数值，并由此返回数据表当前行中指定列处的值。

使用格式：VLOOKUP(lookup_value,table_array,col_index_num,range_lookup)

参数说明：lookup_value 代表需要查找的数值；table_array 代表需要在其中查找数据的单元格区域；col_index_num 为在 table_array 区域中待返回的匹配值的列序号（当 col_index_num 为 2 时，返回 table_array 第 2 列中的数值，为 3 时，返回第 3 列的值……）；range_lookup 为一逻辑值，如果为 TRUE 或省略，则返回近似匹配值，也就是说，如果找不到精确匹配值，则返回小于 lookup_value 的最大数值；如果为 FALSE，则返回精确匹配值，如果找不到，则返回错误值#N/A。如果 range_lookup 省略，则默认为近似匹配。

完成后的效果如图 2.6.6 所示。

	A	B	C	D	E	F	G	H	I	J
1	工号	姓名	部门	身份证号码	出生年月日			出生日期	性别	户口所在地
2					年	月	日			
3	001	AA1	dept1	110108198011232395	1980	11	23	1980年11月23日	男	北京市海淀区
4	002	AA2	dept1	31010519860312238x	1986	03	12	1986年03月12日	女	上海市长宁区
5	003	AA3	dept2	310108198805012384	1988	05	01	1988年05月01日	女	上海市闸北区
6	006	AA6	dept3	32050419570521101x	1957	05	21	1957年05月21日	男	江苏省苏州市金阊区
7	007	AA7	dept3	321111198611084239	1986	11	08	1986年11月08日	男	江苏省镇江市润州区

身份证　地区编码

图 2.6.6　户口所在地

（6）保存"从身份证号码中提取信息.xlsx"文件。

实训7　利用 Excel 进行数据的统计和分析

一、实训目的

学会利用 Excel 进行数据的统计和分析。该实训来源于全国计算机等级考试二级 MS Office 高级应用。

二、实训内容

建议学时：6 学时。

小李今年毕业后，在一家计算机图书销售公司担任市场部助理，主要的工作职责是为部门经理提供销售信息的分析和汇总。

请根据 Excel.xlsx 文件，按照要求完成统计和分析工作。

（1）对"订单明细表"工作表进行格式调整，通过套用表格格式方法将所有的销售记录调整为一致的外观格式，并将"单价"列和"小计"列所包含的单元格调整为"会计专用"（人民币）数字格式。

（2）根据图书编号，在"订单明细表"工作表的"图书名称"列中，使用 VLOOKUP 函数完成图书名称的自动填充。"图书名称"和"图书编号"的对应关系在"编号对照"工作表中。

（3）根据图书编号，在"订单明细表"工作表的"单价"列中，使用 VLOOKUP 函数完成图书单价的自动填充。"单价"和"图书编号"的对应关系在"编号对照"工作表中。

（4）在"订单明细表"工作表的"小计"列中，计算每笔订单的销售额。

（5）根据"订单明细表"工作表中的销售数据，统计所有订单的总销售金额，并将其填写在"统计报告"工作表的 B3 单元格中。

（6）根据"订单明细表"工作表中的销售数据，统计《MS Office 高级应用》图书在 2012 年的总销售额，并将其填写在"统计报告"工作表的 B4 单元格中。

（7）根据"订单明细表"工作表中的销售数据，统计隆华书店在 2011 年第 3 季度的总销售额，并将其填写在"统计报告"工作表的 B5 单元格中。

（8）根据"订单明细表"工作表中的销售数据，统计隆华书店在 2011 年的每月平均销售额（保留 2 位小数），并将其填写在"统计报告"工作表的 B6 单元格中。

（9）保存"Excel.xlsx"文件。

三、操作步骤

（1）对“订单明细表”工作表进行格式调整，通过套用表格格式方法将所有的销售记录调整为一致的外观格式，并将“单价”列和“小计”列所包含的单元格调整为“会计专用”（人民币）数字格式。

步骤 1：启动“Excel. xlsx”，打开“订单明细表”工作表。

步骤 2：选中工作表中的 A2：H636（列区域为 A～H 列，行区域为 2～636 行），单击【开始】选项卡下【样式】组中的“套用表格格式”按钮，在弹出的下拉列表中选择一种表样式，此处我们选择“红色，表样式浅色 10”，弹出“套用表格式”对话框，保留默认设置后单击“确定”按钮即可。

步骤 3：按住 Ctrl 键，同时选中“单价”列和“小计”列，右击鼠标，在弹出的下拉列表中选择“设置单元格格式”命令，继而弹出“设置单元格格式”对话框。在“数字”选项卡下的“分类”组中选择“会计专用”命令，然后单击“货币符号（国家/地区）”下拉列表选择“CNY”，单击“确定”按钮。

完成后的效果如图 2.7.1 所示。

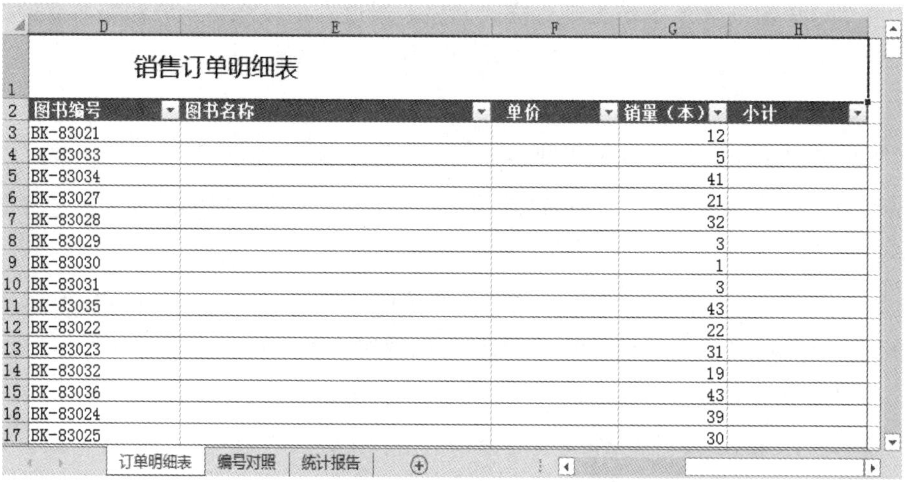

	D	E	F	G	H
1	销售订单明细表				
2	图书编号	图书名称	单价	销量（本）	小计
3	BK-83021			12	
4	BK-83033			5	
5	BK-83034			41	
6	BK-83027			21	
7	BK-83028			32	
8	BK-83029			3	
9	BK-83030			1	
10	BK-83031			3	
11	BK-83035			43	
12	BK-83022			22	
13	BK-83023			31	
14	BK-83032			19	
15	BK-83036			43	
16	BK-83024			39	
17	BK-83025			30	

图 2.7.1　格式调整

（2）根据图书编号，在“订单明细表”工作表的“图书名称”列中，使用 VLOOKUP 函数完成图书名称的自动填充。“图书名称”和“图书编号”的对应关系在“编号对照”工作表中。

在“订单明细表”工作表的 E3 单元格中输入“=VLOOKUP（$D3,编号对照!$A$3:$C$19,2,FALSE）”，按“Enter”键完成图书名称的自动填充。（注：此时 Excel 2016 会自动完成对“单价”列的填充）

完成后的效果如图 2.7.2 所示。

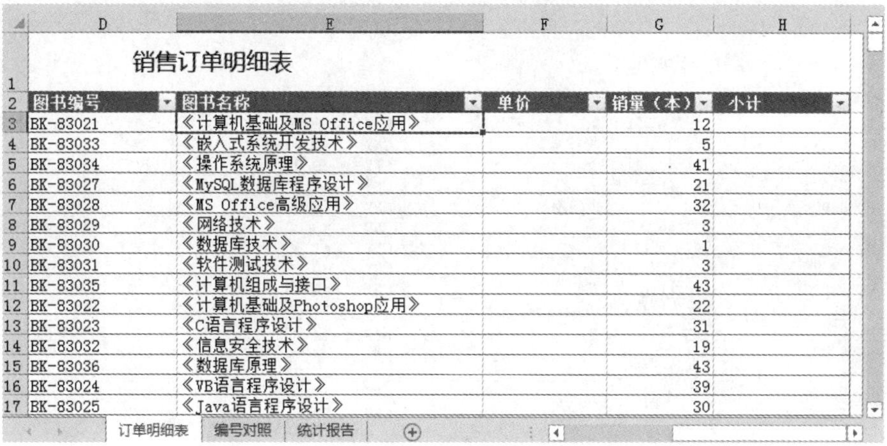

销售订单明细表

图书编号	图书名称	单价	销量（本）	小计
BK-83021	《计算机基础及MS Office应用》		12	
BK-83033	《嵌入式系统开发技术》		5	
BK-83034	《操作系统原理》		41	
BK-83027	《MySQL数据库程序设计》		21	
BK-83028	《MS Office高级应用》		32	
BK-83029	《网络技术》		3	
BK-83030	《数据库技术》		1	
BK-83031	《软件测试技术》		3	
BK-83035	《计算机组成与接口》		43	
BK-83022	《计算机基础及Photoshop应用》		22	
BK-83023	《C语言程序设计》		31	
BK-83032	《信息安全技术》		19	
BK-83036	《数据库原理》		43	
BK-83024	《VB语言程序设计》		39	
BK-83025	《Java语言程序设计》		30	

图 2.7.2　图书名称

（3）根据图书编号，在“订单明细表”工作表的“单价”列中，使用 VLOOKUP 函数完成图书单价的自动填充。“单价”和“图书编号”的对应关系在“编号对照”工作表中。

在“订单明细表”工作表的 F3 单元格中输入“=VLOOKUP（$D3,编号对照!$A$3:$C$19,3,FALSE）”，按“Enter”键完成单价的自动填充。（注：此时 Excel 2016 会自动完成对“单价”列的填充）

完成后的效果如图 2.7.3 所示。

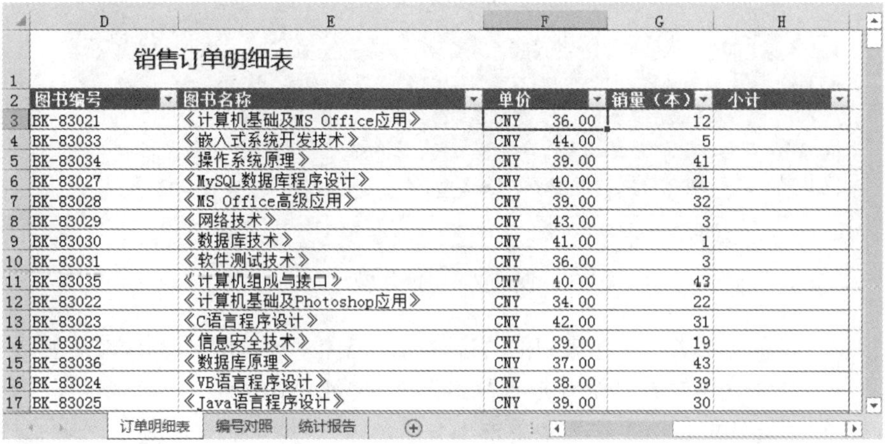

销售订单明细表

图书编号	图书名称	单价	销量（本）	小计
BK-83021	《计算机基础及MS Office应用》	CNY 36.00	12	
BK-83033	《嵌入式系统开发技术》	CNY 44.00	5	
BK-83034	《操作系统原理》	CNY 39.00	41	
BK-83027	《MySQL数据库程序设计》	CNY 40.00	21	
BK-83028	《MS Office高级应用》	CNY 39.00	32	
BK-83029	《网络技术》	CNY 43.00	3	
BK-83030	《数据库技术》	CNY 41.00	1	
BK-83031	《软件测试技术》	CNY 36.00	3	
BK-83035	《计算机组成与接口》	CNY 40.00	43	
BK-83022	《计算机基础及Photoshop应用》	CNY 34.00	22	
BK-83023	《C语言程序设计》	CNY 42.00	31	
BK-83032	《信息安全技术》	CNY 39.00	19	
BK-83036	《数据库原理》	CNY 37.00	43	
BK-83024	《VB语言程序设计》	CNY 38.00	39	
BK-83025	《Java语言程序设计》	CNY 39.00	30	

图 2.7.3　单价

（4）在“订单明细表”工作表的“小计”列中，计算每笔订单的销售额。

在“订单明细表”工作表的 H3 单元格中输入“=[@单价]*[@销量（本）]”（注：直接引用单元格地址），按“Enter”键完成小计的自动填充。（注：此时 Excel 2016 会自动完成对“小计”列的填充）

完成后的效果如图 2.7.4 所示。

图 2.7.4　小计

（5）根据"订单明细表"工作表中的销售数据，统计所有订单的总销售额，并将其填写在"统计报告"工作表的 B3 单元格中。

在"统计报告"工作表中的 B3 单元格输入"=SUM（订单明细表!H3:H636）"，按"Enter"键后完成销售额的自动填充。

完成后的效果如图 2.7.5 所示。

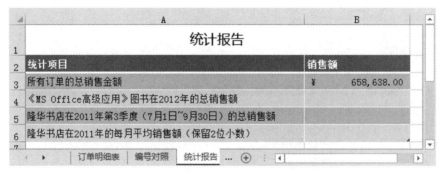

图 2.7.5　销售额

（6）根据"订单明细表"工作表中的销售数据，统计《MS Office 高级应用》图书在 2012年的总销售额，并将其填写在"统计报告"工作表的 B4 单元格中。

步骤 1：在"统计报告"工作表中单击 B4 单元格，使用 SUMIFIS（）函数，利用单元格区域及单元格的引用完成计算。

注：SUMIFIS 函数简述。

主要功能：多条件求和，用于对某一区域内满足多重条件的单元格求和。

使用格式：sumifs(sum_range,criteria_range1,criteria1,[criteria_range2,criteria2],...)

参数说明：sumifs(实际求和区域,第一个条件区域,第一个对应的求和条件,第二个条件区域,第二个对应的求和条件,第 N 个条件区域,第 N 个对应的求和条件)。

函数的使用如图 2.7.6 所示。

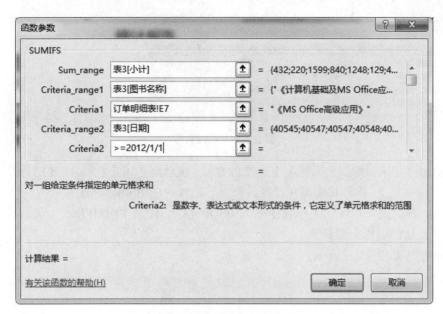

图 2.7.6　函数的使用

步骤 2：按"确定"键确认，完成对"《MS Office 高级应用》图书在 2012 年的总销售额"的自动填充。

完成后的效果如图 2.7.7 所示。

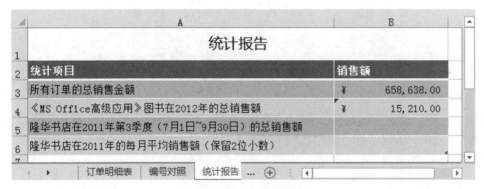

图 2.7.7　完成效果

（7）根据"订单明细表"工作表中的销售数据，统计隆华书店在 2011 年第 3 季度的总销售额，并将其填写在"统计报告"工作表的 B5 单元格中。

步骤 1：在"统计报告"工作表中单击 B5 单元格，使用 SUMIFIS（ ）函数，利用单元格区域及单元格的引用完成计算。按"确定"键确认，完成对"隆华书店在 2011 年第 3 季度（7 月 1 日~9 月 30 日）的总销售额"的自动填充。

函数的使用及完成后的效果如图 2.7.8 所示。

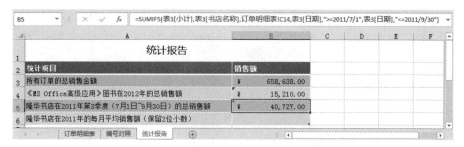

图 2.7.8 总销售额

（8）根据"订单明细表"工作表中的销售数据，统计隆华书店在 2011 年的每月平均销售额（保留 2 位小数），并将其填写在"统计报告"工作表的 B6 单元格中。

步骤 1：在"统计报告"工作表中单击 B6 单元格，使用 SUMIFIS（）函数，利用单元格区域及单元格的引用完成计算。

函数的使用如图 2.7.9 所示。

图 2.7.9 函数参数

步骤 2：按"确定"键确认，得到"隆华书店在 2011 年的销售额"，再除以 12，完成对"隆华书店在 2011 年的每月平均销售额"的填充。

完成后的效果如图 2.7.10 所示。

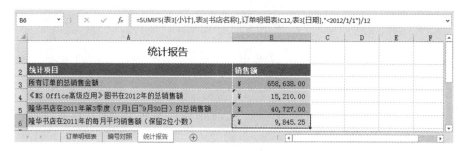

图 2.7.10 每月平均销售额

（9）保存"Excel.xlsx"文件。

实训 8   PowerPoint 高级应用

 **实训目的**

（1）掌握幻灯片制作的一些常用技巧。
（2）掌握幻灯片的背景设置。
（3）掌握幻灯片动画设置的方法。
（4）掌握幻灯片的打包发布。

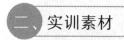 **实训素材**

星空.gif、地球.gif、神舟九号.gif、歌唱祖国.mid。

三、操作步骤

（1）启动 PowerPoint 2016，新建一张幻灯片。选择"仅标题"版式，将占位符删除。
（2）选择【设计】选项卡下【自定义】组中的"设置背景格式"→"图片或纹理填充"→"插入"，将"星空.gif"设置为背景。
（3）插入"地球.gif"图片，并将其居中。
（4）插入"神舟九号.gif"图片，设置尺寸为原来的 40%，调整图片的位置到合适的位置，如图 2.8.1 所示。

图 2.8.1   调整图片位置

（5）选中"神舟九号.gif"图片，选择【动画】选项卡下【动画】组中的"动作路径"→"形状"，调整路线轨迹为椭圆形，如图 2.8.2 所示。

图 2.8.2　动作路径

（6）双击轨迹，设置"圆形扩展"对话框中"效果"选项下的"平滑开始"和"平滑结束"均为 0 秒，设置"计时"选项卡下的"开始""期间""重复"的参数值分别为"上一动画之后""非常慢(5 秒)""直到幻灯片末尾"，如图 2.8.3 所示。

图 2.8.3　圆形扩展

（7）使用【插入】选项卡中的形状，绘制一个椭圆图形。将椭圆的填充颜色设置为"无填充颜色"，线条为"白色"，宽度为"1.5 磅"，短划线类型为"短划线"。设置椭圆的叠放

次序为下移一层。调整椭圆，使之与"神舟九号.gif"的圆形扩展的大小一致，如图 2.8.4
所示。

图 2.8.4　调整形状

　　（8）复制粘贴"地球.gif"，让它与刚才插入的"地球.gif"完全重合。右击刚才粘贴的"地
球.gif"，执行图片工具栏中的裁剪命令，从下往上裁剪刚才复制的"地球.gif"到适合的大小，
使得"神舟九号.gif"产生绕到地球背面的效果。

　　（9）插入"歌唱祖国.mid"，选择自动播放。右击声音标志，设置叠放次序为下移一层。

　　（10）预览幻灯片，检查整体效果。

　　（11）检查无误，点击【文件】选项卡中的"导出"，选择"将演示文稿打包成 CD"。点
击"复制到文件夹"，文件夹命名为"神舟九号"，确定保存的位置，点击"确定"，如图 2.8.5
和图 2.8.6 所示。

图 2.8.5　打包成 CD

图 2.8.6　确定保存的位置

（12）找到目录，单击"神舟九号.pptx"，就可以在没有安装 PowerPoint 2016 的计算机上播放这个幻灯片了，如图 2.8.7 所示。

图 2.8.7　文件夹目录

第3部分

全国计算机等级考试（一级）
理论题及答案与解析

本部分内容选自历年计算机基础及 MS Office 应用（一级），理论题共 5 套，每套有 20 个理论题，每题分值为 1 分。

第一套

1. 在计算机内部用来传送、存储、加工处理的数据或指令都是以（　　）形式进行的。

    A）十进制码　　　　　　　　　　　　B）二进制码

    C）八进制码　　　　　　　　　　　　D）十六进制码

【答案】　B

【解析】　在计算机内部用来传送、存储、加工处理的数据或指令都是以二进制码形式进行的。

2. 磁盘上的磁道是（　　）。

    A）一组记录密度不同的同心圆　　　　B）一组记录密度相同的同心圆

    C）一条阿基米德螺旋线　　　　　　　D）二条阿基米德螺旋线

【答案】　A

【解析】　磁盘上的磁道是一组记录密度不同的同心圆。一个磁道大约有零点几毫米的宽度，数据就存储在这些磁道上。

3. 下列关于世界上第一台电子计算机 ENIAC 的叙述中，（　　）是不正确的。

    A）ENIAC 是 1946 年在美国诞生的

    B）它主要采用电子管和继电器

C）它首次采用存储程序和程序控制使计算机自动工作

D）它主要用于弹道计算

【答案】 C

【解析】 世界上第一台电子计算机 ENIAC 是 1946 年在美国诞生的，它主要采用电子管和继电器，它主要用于弹道计算。

4. 用高级程序设计语言编写的程序称为（   ）。

A）源程序   B）应用程序   C）用户程序   D）实用程序

【答案】 A

【解析】 用高级程序设计语言编写的程序称为源程序，源程序不可直接运行。要在计算机上使用高级语言，必须先将该语言的编译或解释程序调入计算机内存，才能使用该高级语言。

5. 二进制数 011111 转换为十进制整数是（   ）。

A）64   B）63   C）32   D）31

【答案】 D

【解析】 数制也称计数制，是指用同一组固定的字符和统一的规则来表示数值的方法。十进制（自然语言中）通常用 0 到 9 来表示，二进制（计算机中）用 0 和 1 表示，八进制用 0 到 7 表示，十六进制用 0 到 F 表示。

（1）十进制整数转换成二进制（八进制、十六进制）整数，转换方法：用十进制余数除以二（八、十六）进制数，第一次得到的余数为最低有效位，最后一次得到的余数为最高有效位。

（2）二（八、十六）进制整数转换成十进制整数，转换方法：将二（八、十六）进制数按权展开，求累加和便可得到相应的十进制数。

（3）二进制与八进制或十六进制数之间的转换。

二进制与八进制之间的转换方法：3 位二进制数可转换为 1 位八进制数，1 位八进制数可以转换为 3 位二进制数。

二进制数与十六进制数之间的转换方法：4 位二进制数可转换为 1 位十六进制数，1 位十六进制数中转换为 4 位二进制数

因此：（011111）B = $1 \times 2^4 + 1 \times 2^3 + 1 \times 2^2 + 1 \times 2^1 + 1 \times 2^0 = 31$（D）。

6. 将用高级程序语言编写的源程序翻译成目标程序的程序称为（   ）。

A）连接程序   B）编辑程序

C）编译程序   D）诊断维护程序

【答案】 C

【解析】 将用高级程序语言编写的源程序翻译成目标程序的程序称编译程序。连接程序是一个将几个目标模块和库过程连接起来形成单一程序的应用。诊断程序是检测机器系统资源、定位故障范围的有用工具。

7. 微型计算机的主机由 CPU、（   ）构成。

A）RAM   B）RAM、ROM 和硬盘

C）RAM 和 ROM   D）硬盘和显示器

【答案】 C

【解析】　微型计算机的主机由 CPU 和内存储器构成。内存储器包括 RAM 和 ROM。

8. 十进制数 101 转换成二进制数是（　　　　）。

A）01101001　　　　B）01100101　　　　C）01100111　　　　D）01100110

【答案】　B

【解析】　数制也称计数制，是指用同一组固定的字符和统一的规则来表示数值的方法。十进制（自然语言中）通常用 0 到 9 来表示，二进制（计算机中）用 0 和 1 表示，八进制用 0 到 7 表示，十六进制用 0 到 F 表示。

（1）十进制整数转换成二进制（八进制、十六进制）数，转换方法：用十进制余数除以二（八、十六）进制数，第一次得到的余数为最低有效位，最后一次得到的余数为最高有效位。

（2）二（八、十六）进制整数转换成十进制整数，转换方法：将二（八、十六）进制数按权展开，求累加和便可得到相应的十进制数。

（3）二进制与八进制或十六进制数之间的转换。二进制与八进制之间的转换方法：3 位二进制数可转换为 1 位八进制数，1 位八进制数可以转换为 3 位二进制数。

二进制数与十六进制数之间的转换方法：4 位二进制数可转换为 1 位十六进制数，1 位十六进制数转换为 4 位二进制数。

因此：101/2=50……1

50/2=25……0

25/2=12……1

12/2=6……0

6/2=3……0

3/2=1……1

1/2=0……1

所以转换后的二进制数为 01100101。

9. 下列既属于输入设备又属于输出设备的是（　　　　）。

A）软盘片　　　　B）CD-ROM　　　　C）内存储器　　　　D）软盘驱动器

【答案】　D

【解析】　软盘驱动器属于输入设备又属于输出设备，其他三个选项都属于存储器。

10. 已知字符 A 的 ASCII 码是 01000001B，字符 D 的 ASCII 码是（　　　　）。

A）01000011B　　　　　　　　　　B）01000100B

C）01000010B　　　　　　　　　　D）01000111B

【答案】　B

【解析】　ASCII 码本是二进制代码，而 ASCII 码表的排列顺序是十进制数，包括英文小写字母、英文大写字母、各种标点符号及专用符号、功能符等。字符 D 的 ASCII 码是 01000001B + 011（3）= 01000100B。

11. 1 MB 的准确数量是（　　　　）。

A）1024 × 1024 Words　　　　　　B）1024 × 1024 Bytes

C）1000 × 1000 Bytes　　　　　　D）1000 × 1000 Words

【答案】　B

【解析】 在计算机中通常使用三个数据单位：位、字节和字。位的概念是：最小的存储单位，英文名称是 bit，常用小写 b 或 bit 表示。用 8 位二进制数作为表示字符和数字的基本单元，英文名称是 byte，称为字节。通常用大"B"表示。

$$1 \text{ B（字节）} = 8 \text{ b（位）}$$

$$1 \text{ KB（千字节）} = 1024 \text{ B（字节）}$$

$$1 \text{ MB（兆字节）} = 1024 \text{ KB（千字节）}$$

字长：字长也称为字或计算机字，它是计算机能并行处理的二进制数的位数。

12. 一个计算机操作系统通常应具有（   ）。

　　A）CPU 管理、显示器管理、键盘管理、打印机和鼠标器管理等五大功能

　　B）硬盘管理、软盘驱动器管理、CPU 的管理、显示器管理和键盘管理等五大功能

　　C）处理器（CPU）管理、存储管理、文件管理、输入/输出管理和作业管理五大功能

　　D）计算机启动、打印、显示、文件存取和关机等五大功能

【答案】 C

【解析】 一个计算机操作系统通常应具有处理器（CPU）管理、存储管理、文件管理、输入/输出管理和作业管理五大功能。

13. 下列存储器中，属于外部存储器的是（   ）。

　　A）ROM　　　　　　　B）RAM　　　　　　　C）Cache　　　　　　　D）硬盘

【答案】 D

【解析】 属于外部存储器的是硬盘，ROM、RAM、Cache 都属于内部存储器。

14. 计算机系统由（   ）两大部分组成。

　　A）系统软件和应用软件　　　　　　B）主机和外部设备

　　C）硬件系统和软件系统　　　　　　D）输入设备和输出设备

【答案】 C

【解析】 硬件系统和软件系统是计算机系统两大组成部分。输入设备和输出设备、主机和外部设备属于硬件系统。系统软件和应用软件属于软件系统。

15. 下列叙述中，错误的一条是（   ）。

　　A）计算机硬件主要包括主机、键盘、显示器、鼠标器和打印机五大部件

　　B）计算机软件分系统软件和应用软件两大类

　　C）CPU 主要由运算器和控制器组成

　　D）内存储器中存储当前正在执行的程序和处理的数据

【答案】 A

【解析】 计算机硬件主要包括运算器、控制器、存储器、输入设备和输出设备五大部件。

16. 下列存储器中，属于内部存储器的是（   ）。

　　A）CD-ROM　　　　　　　　　　　B）ROM

　　C）软盘　　　　　　　　　　　　　D）硬盘

【答案】 B

【解析】 在存储器中，ROM 是内部存储器，CD-ROM、硬盘、软盘是外部存储器。

17. 目前微机中广泛采用的电子元器件是（　　　）。

　　A）电子管　　　　　　　　　　　　B）晶体管

　　C）小规模集成电路　　　　　　　　D）大规模和超大规模集成电路

【答案】　D

【解析】　目前微机中所广泛采用的电子元器件是：大规模和超大规模集成电路。电子管是第一代计算机所采用的逻辑元件（1946—1958 年）。晶体管是第二代计算机所采用的逻辑元件（1959—1964 年）。小规模集成电路是第三代计算机所采用的逻辑元件（1965—1971 年）。大规模和超大规模集成电路是第四代计算机所采用的逻辑元件（1971 年至今）。

18. 根据汉字国标 GB 2312—1980 的规定，二级次常用汉字个数是（　　　）。

　　A）3000 个　　　　B）7445 个　　　　C）3008 个　　　　D）3755 个

【答案】　C

【解析】　我国国家标准局于 1981 年 5 月颁布《信息交换用文字编码字符集（基本集）》，共对 6763 个文字和 682 个非汉字图形符号进行了编码。根据使用频率将 6763 个汉字分为两级：一级为常用汉字 3755 个，按拼音字母顺序排列，同音字以笔形顺序排列；二级为次常用汉字 3008 个，按部首和笔形排列。

19. 下列叙述中，错误的一条是（　　　）。

　　A）CPU 可以直接处理外部存储器中的数据

　　B）操作系统是计算机系统中最主要的系统软件

　　C）CPU 可以直接处理内部存储器中的数据

　　D）一个汉字的机内码与它的国标码相差 8080H

【答案】　A

【解析】　CPU 可以直接处理内部存储器中的数据，外部存储器中的数据在调入计算机内存后可以进行处理。

20. 编译程序的最终目标是（　　　）。

　　A）发现源程序中的语法错误

　　B）改正源程序中的语法错误

　　C）将源程序编译成目标程序

　　D）将某一高级语言程序翻译成为一高级语言程序

【答案】　C

【解析】　编译方式是把高级语言程序全部转换成机器指令并产生目标程序，再由计算机执行。

在线测试

第二套

1. 汉字的区位码由一汉字的区号和位号组成。其区号和位号的范围各为（ 　　 ）。

　　A）区号 1~95 位号 1~95　　　　　　　B）区号 1~94 位号 1~94

　　C）区号 0~94 位号 0~94　　　　　　　D）区号 0~95 位号 0~95

【答案】　B

【解析】　标准的汉字编码表有 94 行、94 列，其行号称为区号，列号称为位号。双字节中，用高字节表示区号，低字节表示位号。非汉字图形符号置于第 1~11 区。一级汉字 3755 个，置于第 16~55 区，二级汉字 3008 个，置于第 56~87 区。

2. 计算机之所以能按人们的意志自动进行工作，主要是因为采用了（ 　　 ）。

　　A）二进制数制　　　　　　　　　　　B）高速电子元件

　　C）存储程序控制　　　　　　　　　　D）程序设计语言

【答案】　C

【解析】　计算机之所以能按人们的意志自动进行工作，就计算机的组成来看，一个完整计算机系统由硬件系统和软件系统两部分组成。在计算机硬件中，CPU 是用来完成指令的解释与执行的。存储器主要是用来完成存储功能，正是由于计算机的存储、自动解释和执行功能，使得计算机能按人们的意志快速自动地完成工作。

3. 32 位微机是指它所用的 CPU 是（ 　　 ）。

　　A）一次能处理 32 位二进制数　　　　B）能处理 32 位十进制数

　　C）只能处理 32 位二进制定点数　　　D）有 32 个寄存器

【答案】　A

【解析】　字长是计算机一次能够处理的二进制数位数。32 位指计算机一次能够处理 32 位二进制数。

4. 用 MIPS 为单位来衡量计算机的性能，它指的是计算机的（ 　　 ）。

　　A）传输速率　　　　　　　　　　　　B）存储器容量

　　C）字长　　　　　　　　　　　　　　D）运算速度

【答案】　D

【解析】　运算速度：是指计算机每秒所能执行的指令条数，一般用 MIPS 为单位。字长：是 CPU 能够直接处理的二进制数据位数。常见的微机字长有 8 位、16 位和 32 位。内存容量：是指内存储器中能够存储信息的总字节数，一般以 KB、MB 为单位。传输速率用 bps 或 kbps 来表示。

5. 计算机最早的应用领域是（ 　　 ）。

　　A）人工智能　　　 B）过程控制　　　 C）信息处理　　　 D）数值计算

【答案】　D

【解析】　人工智能模拟是计算机理论科学的一个重要的领域，智能模拟是探索和模拟人的感觉和思维过程的科学，它是在控制论、计算机科学、仿生学和心理学等基础上发展起来的新兴边缘学科。其主要研究感觉与思维模型的建立，图像、声音和物体的识别。计算机最早的应用领域是：数值计算。人工智能、过程控制、信息处理是现代计算机的功能。

6. 二进制数 00111001 转换成十进制数是（　　）。

A）58　　　　　　B）57　　　　　　C）56　　　　　　D）41

【答案】　B

【解析】　非十进制数转换成十进制数的方法是，把各个非十进制数按权展开求和即可，即把二进制数写成 2 的各次幂之和的形式，然后计算其结果。

$$（00111001）_B = 1 \times 2^5 + 1 \times 2^4 + 1 \times 2^3 + 1 \times 2^0 = 57（D）。$$

7. 已知字符 A 的 ASCII 码是（01000001）$_B$，ASCII 码为（01000111）$_B$ 的字符是（　　）。

A）D　　　　　　B）E　　　　　　C）F　　　　　　D）G

【答案】　D

【解析】　G 的 ASCII 值为 A 的 ASCII 值加上 6，即二进制（0110）$_B$。

8. 在微型计算机系统中要运行某一程序时，如果内存储容量不够，可以通过（　　）的方法来解决。

A）增加内存容量　　　　　　　　B）增加硬盘容量

C）采用光盘　　　　　　　　　　D）采用高密度软盘

【答案】　A

【解析】　如果运行某一程序时，发现所需内存容量不够，我们可以通过增加内存容量的方法来解决。内存储器（内存）是半导体存储器，用于存放当前运行的程序和数据，信息按存储地址存储在内存储器的存储单元中。内存储器可分为只读存储器（ROM）和读写存储器（RAM）。

9. 一个汉字的机内码需用（　　）个字节存储。

A）4　　　　　　B）3　　　　　　C）2　　　　　　D）1

【答案】　C

【解析】　机内码是指汉字在计算机中的编码，汉字的机内码占两个字节，分别称为机内码的高位与低位。

10. 在外部设备中，扫描仪属于（　　）。

A）输出设备　　　B）存储设备　　　C）输入设备　　　D）特殊设备

【答案】　C

【解析】　外部设备包括输入设备和输出设备。其中扫描仪是输入设备，常有的输入设备还有鼠标、键盘、手写板等。

11. 微型计算机的技术指标主要是指（　　）。

A）所配备的系统软件的优劣

B）主频、运算速度、字长、内存容量和存取速度

C）显示器的分辨率、打印机的配置

D）硬盘容量的大小

【答案】　B

【解析】　计算机的性能指标涉及体系结构、软硬件配置、指令系统等多种因素，一般

来说主要有下列技术指标：

（1）字长：是指计算机运算部件一次能同时处理的二进制数据的位数。

（2）时钟主频：是指 CPU 的时钟频率，它的高低在一定程度上决定了计算机速度的高低。

（3）运算速度：计算机的运算速度通常是指每秒钟所能执行加法指令的数目。

（4）存储容量：存储容量通常分内存容量和外存容量，这里主要指内存储器的容量。

（5）存取周期：是指 CPU 从内存储器中存取数据所需的时间。

12. 用 MHz 来衡量计算机的性能，它指的是（　　）。

　A）CPU 的时钟主频　　　　　　　　B）存储器容量

　C）字长　　　　　　　　　　　　　D）运算速度

【答案】　A

【解析】　用 MHz 来衡量计算机的性能，它指的是 CPU 的时钟主频。存储容量单位是 B、MB 等。字长单位是 bit。运算速度单位是 MIPS。

13. 任意一汉字的机内码和其国标码之差总是（　　）。

　A）8000H　　　　B）8080H　　　　C）2030H　　　　D）8020H

【答案】　B

【解析】　汉字的机内码是将国标码的两个字节的最高位分别置为 1 得到的。机内码和其国标码之差总是 8080H。

14. 操作系统是计算机系统中的（　　）。

　A）主要硬件　　　　　　　　　　　B）系统软件

　C）外部设备　　　　　　　　　　　D）广泛应用的软件

【答案】　B

【解析】　计算机系统可分为软件系统和硬件系统两部分，而操作系统则属于系统软件。

15. 计算机的硬件主要包括中央处理器（CPU）、存储器、输出设备和（　　）。

　A）键盘　　　　B）鼠标器　　　　C）输入设备　　　　D）显示器

【答案】　C

【解析】　计算机的硬件主要包括中央处理器（CPU）、存储器、输出设备和输入设备。键盘和鼠标器属于输入设备，显示器属于输出设备。

16. 在计算机的存储单元中存储的（　　）。

　A）只能是数据　　　　　　　　　　B）只能是字符

　C）只能是指令　　　　　　　　　　D）可以是数据或指令

【答案】　D

【解析】　计算机存储单元中存储的是数据或指令。数据通常是指由描述事物的数字、字母、符号等组成的序列，是计算机操作的对象，在存储器中都是用二进制数来表示的。指令是 CPU 发布的用来指挥和控制计算机完成某种基本操作的命令，它包括操作码和地址码。

17. 十进制数 111 转换成二进制数是（　　）。

　A）1111001　　　　B）01101111　　　　C）01101110　　　　D）011100001

【答案】　B

【解析】　把一个十进制数转换成等值的二进制数，需要对整数部分和小数部分分别进行转换。十进制整数转换为二进制整数，十进制小数转换为二进制小数。

（1）整数部分的转换。

十进制整数转换成二进制整数，通常采用除 2 取余法。就是将已知十进制数反复除以 2，在每次相除之后，若余数为 1，则对应于二进制数的相应位为 1；否则为 0。首次除法得到的余数是二进制数的最低位，最末一次除法得到的余数是二进制的最高位。

（2）小数部分的转换。

十进制纯小数转换成二进制纯小数，通常采用乘 2 取整法。所谓乘 2 取整法，就是将已知的十进制纯小数反复乘以 2，每次乘 2 以后，所得新数的整数部分若为 1，则二进制纯小数的相应位为 1；若整数部分为 0，则相应部分为 0。从高位到低位逐次进行，直到满足精度要求或乘 2 后的小数部分是 0 为止。第一次乘 2 所得的整数记为 R_1，最后一次为转换后的纯二进制小数为：$R_1R_2R_3\cdots R_M$。

因此：111/2=55……1

55/2=27……1

27/2=13……1

13/2=6……1

6/2=3……0

3/2=1……1

1/2=0……1

所以转换后的二进制数为 01101111。

18. 用 8 个二进制位能表示的最大的无符号整数等于十进制整数（　　　）。

　　A）127　　　　　　　B）128　　　　　　　C）255　　　　　　　D）256

【答案】　C

【解析】　用 8 个二进制位表示无符号数最大为 11111111，即 $2^8 - 1=255$。

19. 下列各组设备中，全都属于输入设备的一组是（　　　）。

　　A）键盘、磁盘和打印机　　　　　　　B）键盘、鼠标器和显示器

　　C）键盘、扫描仪和鼠标器　　　　　　D）硬盘、打印机和键盘

【答案】　C

【解析】　鼠标器、键盘、扫描仪都属于输入设备。打印机、显示器、绘图仪属于输出设备。磁盘、硬盘属于存储设备。

20. 下列不属于系统软件的是（　　　）。

　　A）UNIX　　　　　　　　　　　　B）QBASIC

　　C）Excel　　　　　　　　　　　　D）FoxPro

【答案】　C

【解析】　Excel 属于应用软件中的一类通用软件。

在线测试

第三套

1. 下面四条常用术语的叙述中，有错误的是（　　　）。

　　A）光标是显示屏上指示位置的标志

　　B）汇编语言是一种面向机器的低级程序设计语言，用汇编语言编写的程序计算机能直接执行

　　C）总线是计算机系统中各部件之间传输信息的公共通路

　　D）读写磁头是既能从磁表面存储器读出信息又能把信息写入磁表面存储器的装置

【答案】　B

【解析】　用汇编语言编制的程序称为汇编语言程序，汇编语言程序不能被机器直接识别和执行，必须由"汇编程序"（或汇编系统）翻译成机器语言程序才能运行。

2. 下面设备中，既能向主机输入数据又能接收由主机输出数据的设备是（　　　）。

　　A）CD-ROM　　　　　　　　　　　B）显示器

　　C）软磁盘存储器　　　　　　　　　D）光笔

【答案】　C

【解析】　CD-ROM 和光笔只能向主机输入数据，显示器只能接收由主机输出的数据，软磁盘存储器是可读写的存储器，它既能向主机输入数据又能接收由主机输出的数据。

3. 执行二进制算术加运算 11001001 + 00100111，其运算结果是（　　　）。

　　A）11101111　　　　　　　　　　　B）11110000

　　C）00000001　　　　　　　　　　　D）10100010

【答案】　B

【解析】　二进制加法运算法则为"逢二进一"，本题计算过程如下：

$$
\begin{array}{r}
11001001 \\
+\ 00100111 \\
\hline
11110000
\end{array}
$$

4. 与十六进制数 CD 等值的十进制数是（　　　）。

　　A）204　　　　　　B）205　　　　　　C）206　　　　　　D）203

【答案】　B

【解析】　CD 对应的二进制为 11001101，转换为十进制数为：

$$1\times 2^7 + 1\times 2^6 + 0\times 2^5 + 0\times 2^4 + 1\times 2^3 + 1\times 2^2 + 0\times 2^1 + 1\times 2^0 = 205。$$

5. 微型计算机硬件系统中最核心的部位是（　　　）。

　　A）主板　　　　　　B）CPU　　　　　　C）内存储器　　　　　　D）I/O 设备

【答案】　B

【解析】　微型计算机硬件系统由主板、中央处理器（CPU）、内存储器和输入输出（I/O）设备组成，其中中央处理器（CPU）是硬件系统中最核心的部件。

6. 微型计算机的主机包括（　　）。

　　A）运算器和控制器　　　　　　　　　B）CPU 和内存储器

　　C）CPU 和 UPS　　　　　　　　　　　D）UPS 和内存储器

【答案】　B

【解析】　微型计算机的主机包括 CPU 和内存储器。UPS 为不间断电源，它可以保障计算机系统在停电之后继续工作一段时间，以使用户能够紧急存盘，避免数据丢失，属于外部设备。运算器和控制器是 CPU 的组成部分。

7. 计算机能直接识别和执行的语言是（　　）。

　　A）机器语言　　　　B）高级语言　　　　C）汇编语言　　　　D）数据库语言

【答案】　A

【解析】　计算机能直接识别和执行的语言是机器语言，其他计算机语言都需要被翻译成机器语言后，才能被直接执行。

8. 微型计算机，控制器的基本功能是（　　）。其主要功能是：取指令、分析指令和执行指令。

　　A）进行计算运算和逻辑运算　　　　　B）存储各种控制信息

　　C）保持各种控制状态　　　　　　　　D）控制机器各个部件协调一致地工作

【答案】　D

【解析】　选项 A 为运算器的功能，选项 B 为存储器的功能。控制器中含有状态寄存器，主要用于保持程序运行状态。选项 C 是控制器的功能，但不是控制器的基本功能，控制器的基本功能为控制机器各个部件协调一致地工作，故选项 D 为正确答案。

9. 与十进制数 254 等值的二进制数是（　　）。

　　A）11111110　　　　B）11101111　　　　C）111111011　　　　D）11101110

【答案】　A

【解析】　十进制向二进制的转换采用"除二取余"，本题计算过程如下：

```
2 | 254  0
2 | 127  1
2 |  63  1
2 |  31  1
2 |  15  1
2 |   7  1
2 |   3  1
2 |   1  1
```

10. 微型计算机存储系统中，PROM 是（　　）。

　　A）可读写存储器　　　　　　　　　　B）动态随机存储器

　　C）只读存储器　　　　　　　　　　　D）可编程只读存储器

【答案】　C

【解析】　可读可写存储器为 RAM，动态随机存储器为 DRAM，只读存储器为 ROM，PROM 是只能读，不能写入，用作存储主板的芯片组程序。

11. 执行二进制逻辑乘运算（即逻辑与运算）01011001^10100111，其运算结果是（　　　）。

A）00000000

B）111111101011001

C）00000001

D）11111101010011

【答案】　C

【解析】　逻辑与运算的口诀为"——得一"即只有当两个数都为 1 时，结果才为 1。

12. 下列几种存储器，存取周期最短的是（　　　）。

A）内存储器

B）光盘存储器

C）硬盘存储器

D）软盘存储器

【答案】　A

【解析】　内存是计算机写入和读取数据的中转站，它的速度是最快的。存取周期最短的是内存，其次是硬盘，再次是光盘，最慢的是软盘。

13. 在微型计算机内存储器中不能用指令修改其存储内容的部分是（　　　）。

A）RAM　　　　B）DRAH　　　　C）ROM　　　　D）SRAM

【答案】　C

【解析】　ROM 为只读存储器，一旦写入，不能对其内容进行修改。

14. 计算机病毒是指（　　　）。

A）编制有错误的计算机程序

B）设计不完善的计算机程序

C）已被破坏的计算机程序

D）以危害系统为目的的特殊计算机程序

【答案】　D

【解析】　计算机病毒是指编制或者在计算机程序中插入的破坏计算机功能或者破坏数据，影响计算机使用并且能够自我复制的一组计算机指令或者程序代码。

15. CPU 中有一个程序计数器（又称指令计数器），它用于存储（　　　）。

A）正在执行的指令的内容

B）下一条要执行的指令的内容

C）正在执行的指令的内存地址

D）下一条要执行的指令的内存地址

【答案】　D

【解析】　为了保证程序能够连续地执行下去，CPU 必须具有某些手段来确定下一条指令的地址。而程序计数器正是起到这种作用，所以通常又称为指令计数器。在程序开始执行前，必须将它的起始地址，即程序的一条指令所在的内存单元地址送入 PC，因此程序计数器（PC）的内容即是从内存提取的第一条指令的地址。

16. 下列四个无符号十进制整数中，能用八个进制位表示的是（　　　）。

A）257　　　　B）201　　　　C）313　　　　D）296

【答案】　B

【解析】　257 转换成二进制是 100000001，201 转换成二进制是 11001001，313 转换成二进制是 100111001，296 转换成二进制是 100101000。四个数中只有选项 B 是 8 个二进制位，其他都是 9 个。

17. 下列关于系统软件的四条叙述中，正确的一条是（   ）。

    A）系统软件与具体应用领域无关

    B）系统软件与具体硬件逻辑功能无关

    C）系统软件是在应用软件基础上开发的

    D）系统软件并不具体提供人机界面

【答案】 A

【解析】 计算机软件系统的两个部分是系统软件和应用软件。系统软件主要包括操作系统、语言处理系统、系统性能检测和实用工具软件等。

18. 下列术语中，属于显示器性能指标的是（   ）。

    A）速度　　　　　　B）可靠性　　　　　　C）分辨率　　　　　　D）精度

【答案】 C

【解析】 显示器的性能指标为：像素与点阵、分辨率、显存和显示器的尺寸。

19. 下列字符中，其 ASCII 码值最大的是（   ）。

    A）9　　　　　　　B）D　　　　　　　C）a　　　　　　　D）y

【答案】 D

【解析】 ASCII 码（用十六进制表示）为：9 对应 39，D 对应 44，a 对应 61，y 对应 79。

20. 下列四条叙述中，正确的一条是（   ）。

    A）假若 CPU 向外输出 20 位地址，则它能直接访问的存储空间可达 1MB

    B）PC 机在使用过程中突然断电，SRM 中存储的信息不会丢失，SRM 是静态存储器

    C）PC 机在使用过程中突然断电，DRM 中存储的信息不会丢失，DRM 是静态存储器

    D）外存储器中的信息可以直接被 CPU 处理

【答案】 A

【解析】 RAM 中的数据一旦断电就会消失；外存中信息要通过内存才能被计算机处理。

在线测试

第四套

1. 在微机中，西文字符所采用的编码是（　　　）。

　　A）EBCDIC 码　　　B）ASCII 码　　　　C）国标码　　　　　D）BCD 码

【答案】　B

【解析】　西文字符采用 ASCII 码编码。

2. 现代计算机中采用二进制数制是因为二进制数的优点是（　　　）。

　　A）代码表示简短，易读

　　B）物理上容易实现且简单可靠；运算规则简单；适合逻辑运算

　　C）容易阅读，不易出错

　　D）只有 0、1 两个符号，容易书写

【答案】　B

【解析】　二进制避免了那些基于其他数字系统的电子计算机中必需的复杂的进位机制，物理上便于实现，且适合逻辑运算。

3. 二进制数 110001 转换成十进制数是（　　　）。

　　A）47　　　　　　　　B）48　　　　　　　　C）49　　　　　　　　D）51

【答案】　C

【解析】　二进制转换十进制：$2^5 + 2^4 + 2^0$＝49。

4. 汉字区位码分别用十进制的区号和位号表示。其区号和位号的范围分别是（　　　）。

　　A）0～94，0～94　　　　　　　　　　B）1～95，1～95

　　C）1～94，1～94　　　　　　　　　　D）0～95，0～95

【答案】　C

【解析】　区位码：94×94 阵列，区号范围：1～94，位号范围：1～94。

5. 一个汉字的机内码与国标码之间的差别是（　　　）。

　　A）前者各字节的最高二进制位的值均为 1，而后者均为 0

　　B）前者各字节的最高二进制位的值均为 0，而后者均为 1

　　C）前者各字节的最高二进制位的值各为 1、0，而后者为 0、1

　　D）前者各字节的最高二进制位的值各为 0、1，而后者为 1、0

【答案】　A

【解析】　国标码是汉字信息交换的标准编码，但因其前后字节的最高位为 0，与 ASCII 码发生冲突，于是，汉字的机内码采用变形国标码，其变换方法为：将国标码的每个字节都加上 128，即将两个字节的最高位由 0 改 1，其余 7 位不变，因此机内码前后字节最高位都为 1。

6. 十进制数 32 转换成无符号二进制整数是（　　　）。

    A）100000   B）100100   C）100010   D）101000

【答案】　A

【解析】　$32=2^5$，所以 32 的二进制为：100000。

7. 若已知一汉字的国标码是 5E38，则其内码是（　　　）。

    A）DEB8   B）DE38   C）5EB8   D）7E58

【答案】　A

【解析】　汉字的内码=汉字的国标码 + 8080H，此题内码=5E38H + 8080H=DEB8H。

8. 计算机的系统总线是计算机各部件间传递信息的公共通道，它分为（　　　）。

    A）数据总线和控制总线

    B）数据总线、控制总线和地址总线

    C）地址总线和数据总线

    D）地址总线和控制总线

【答案】　B

【解析】　系统总线包含有三种不同功能的总线，即数据总线 DB（DataBus）、地址总线 AB（AddressBus）和控制总线 CB（ControlBus）。

9. 根据汉字国标码 GB 2312—1980 的规定，将汉字分为常用汉字和次常用汉字两级。次常用汉字的排列次序是按（　　　）。

    A）偏旁部首   B）汉语拼音字母

    C）笔画多少   D）使用频率多少

【答案】　A

【解析】　在国家汉字标准 GB 2312—1980 中，一级常用汉字按（汉语拼音）规律排列，二级次常用汉字按（偏旁部首）规律排列。

10. 下列叙述中，错误的是（　　　）。

    A）内存储器一般由 ROM 和 RAM 组成

    B）RAM 中存储的数据一旦断电就全部丢失

    C）CPU 可以直接存取硬盘中的数据

    D）存储在 ROM 中的数据断电后也不会丢失

【答案】　C

【解析】　CPU 只能直接存取内存中的数据。

11. 下面关于 USB 的叙述中，错误的是（　　　）。

    A）USB 的中文名为"通用串行总线"

    B）USB2.0 的数据传输率大大高于 USB1.1

    C）USB 具有热插拔与即插即用的功能

    D）USB 接口连接的外部设备（如移动硬盘、U 盘等）必须另外供应电源

【答案】　D

【解析】　不需要另供电源。

12. 下列软件中，属于应用软件的是（　　）。

　　A）Windows 7　　　　　　　　　　　　B）PowerPoint 2016

　　C）UNIX　　　　　　　　　　　　　　D）Linux

【答案】　B

【解析】　其余选项为系统软件。

13. 假设某台式计算机的内存储器容量为 128 MB，硬盘容量为 10 GB。硬盘的容量是内存容量的（　　）。

　　A）40 倍　　　　　　B）60 倍　　　　　　C）80 倍　　　　　　D）100 倍

【答案】　C

【解析】　1G = 1024 MB，10 G 为 128 的 80 倍。

14. 能直接与 CPU 交换信息的存储器是（　　）。

　　A）硬盘存储器　　　　　　　　　　　B）CD-ROM

　　C）内存储器　　　　　　　　　　　　D）软盘存储器

【答案】　C

【解析】　CPU 只能直接访问存储在内存中的数据。

15. 下列设备组中，完全属于外部设备的一组是（　　）。

　　A）激光打印机，移动硬盘，鼠标

　　B）CPU，键盘，显示器

　　C）SRAM 内存条，CD-ROM 驱动器，扫描仪

　　D）U 盘，内存储器，硬盘

【答案】　A

【解析】　CPU、SRAM 内存条、CD-ROM 以及内存储器都不属于外部设备。

16. 用高级程序设计语言编写的程序，要转换成等价的可执行程序，必须经过（　　）。

　　A）汇编　　　　　　　　　　　　　　B）编辑

　　C）解释　　　　　　　　　　　　　　D）编译和链接

【答案】　D

【解析】　高级语言程序编译成目标程序，通过链接将目标程序链接成可执行程序。

17. 计算机网络的主要目标是实现（　　）。

　　A）数据处理　　　　　　　　　　　　B）文献检索

　　C）快速通信和资源共享　　　　　　　D）共享文件

【答案】　C

【解析】　计算机网络由通信子网和资源子网两部分组成。通信子网的功能：负责全网的数据通信；资源子网的功能：提供各种网络资源和网络服务，实现网络资源的共享。

18. 在计算机指令中，规定其所执行操作功能的部分称为（　　）。

　　A）地址码　　　　　　　　　　　　　B）源操作数

　　C）操作数　　　　　　　　　　　　　D）操作码

【答案】　D

【解析】　计算机指令中操作码规定所执行的操作，操作数规定参与所执行操作的数据。

19. 下列叙述中，正确的是（　　　）。

A）CPU 能直接读取硬盘上的数据

B）CPU 能直接存取内存储器

C）CPU 由存储器、运算器和控制器组成

D）CPU 主要用来存储程序和数据

【答案】　B

【解析】　CPU 不能读取硬盘上的数据，但是能直接访问内存储器；CPU 主要包括运算器和控制器；CPU 是整个计算机的核心部件，主要用于控制计算机的操作。

20. 下面四条常用术语的叙述中，有错误的是（　　　）。

A）光标是显示屏上指示位置的标志

B）汇编语言是一种面向机器的低级程序设计语言，用汇编语言编写的程序计算机能直接执行

C）总线是计算机系统中各部件之间传输信息的公共通路

D）读写磁头是既能从磁表面存储器读出信息又能把信息写入磁表面存储器的装置

【答案】　B

【解析】　用汇编语言编制的程序称为汇编语言程序，汇编语言程序不能被机器直接识别和执行，必须由"汇编程序"（或汇编系统）翻译成机器语言程序才能运行。

在线测试

第五套

1. 在信息时代，计算机的应用非常广泛，主要有如下几大领域：科学计算、信息处理过程控制、计算机辅助工程、家庭生活和（　　　）。

　A）军事应用　　　　　　　　　　　B）现代教育

　C）网络服务　　　　　　　　　　　D）以上都不是

【答案】　B

【解析】　计算机应用领域可以概括为：科学计算（或数值计算）、信息处理（或数据处理）、过程控制（或实时控制）、计算机辅助工程、家庭生活和现代教育。

2. 在 ENIAC 的研制过程中，由美籍匈牙利数学家总结并提出了非常重要的改进意见，他是（　　　）。

　A）冯·诺依曼　　　　　　　　　　B）阿兰·图灵

　C）古德·摩尔　　　　　　　　　　D）以上都不是

【答案】　A

【解析】　1946 年冯·诺依曼和他的同事们设计出的逻辑结构（即冯·诺依曼结构）对后来计算机的发展影响深远。

3. 十进制数 75 用二进制数表示是（　　　）。

　A）1100001　　　　　　　　　　　B）1101001

　C）0011001　　　　　　　　　　　D）1001011

【答案】　D

【解析】　十进制向二进制的转换采用"除二取余"法，即将十进制数除以 2 得一商数和余数；再将所得的商除以 2，又得到一个新的商数和余数；这样不断地用 2 去除所得的商数，直到商为 0 为止。每次相除所得的余数就是对应的二进制整数。第一次得到的余数为最低有效位，最后一次得到的余数为最高有效位。

4. 一个非零无符号二进制整数后加两个零形成一个新的数，新数的值是原数值的（　　　）。

　A）四倍　　　　　　　　　　　　　B）二倍

　C）四分之一　　　　　　　　　　　D）二分之一

【答案】　A

【解析】　根据二进制数位运算规则：左移一位，数值增加 1 倍。

5. 与十进制数 291 等值的十六进制数为（　　　）。

　A）123　　　　　B）213　　　　　C）231　　　　　D）132

【答案】　A

【解析】　十进制转成十六进制的方法是"除十六取余"。

6. 下列字符中，其 ASCII 码值最小的是（　　　）。

　　A）$ 　　　　　　B）J 　　　　　　C）b 　　　　　　D）T

【答案】　A

【解析】　在 ASCII 码中，有 4 组字符：一组是控制字符，如 LF（换行），CR（回车）等，其对应 ASCII 码值最小；第 2 组是数字 0 ~ 9，第 3 组是大写字母 A ~ Z，第 4 组是小写字母 a ~ z。这 4 组对应的值逐渐变大。

7. 下列 4 条叙述中，有错误的一条是（　　　）。

　　A）通过自动（如扫描）或人工（如击键、语音）方法将汉字信息（图形、编码或语音）转换为计算机内部表示汉字的机内码并存储起来的过程，称为汉字输入

　　B）将计算机内存储的汉字内码恢复成汉字并在计算机外部设备上显示或通过某种介质保存下来的过程，称为汉字输出

　　C）将汉字信息处理软件固化，构成一块插件板，这种插件板称为汉卡

　　D）汉字国标码就是汉字拼音码

【答案】　D

【解析】　国际码即汉字信息交换码，而拼音码是输入码，两者并不相同。

8. 某汉字的国际码是 1112H，它的机内码是（　　　）。

　　A）3132H 　　　　B）5152H 　　　　C）8182H 　　　　D）9192H

【答案】　D

【解析】　汉字机内码=国际码 + 8080H。

9. 以下关于高级语言的描述中，正确的是（　　　）。

　　A）高级语言诞生于 20 世纪 60 年代中期

　　B）高级语言的"高级"是指所设计的程序非常高级

　　C）C++ 语言采用的是"编译"的方法

　　D）高级语言可以直接被计算机执行

【答案】　C

【解析】　高级语言诞生于 20 世纪 50 年代中期；所谓的"高级"是指这种语言与自然语言和数学公式相当接近，而且不依赖于计算机的型号，通用性好；只有机器语言可以直接被计算机执行。

10. 早期的 BASIC 语言采用的哪种方法将源程序转换成机器语言？（　　　）

　　A）汇编 　　　　　　B）解释 　　　　　　C）编译 　　　　　　D）编辑

【答案】　B

【解析】　高级语言源程序必须经过"编译"或"解释"才能成为可执行的机器语言程序（即目标程序）。早期的 BASIC 语言采用的是"解释"的方法，它是用解释一条 BASIC 语句执行一条语句的"边解释边执行"的方法，这样效率比较低。

11. 计算机软件系统包括（　　　）。

　　A）系统软件和应用软件 　　　　　　B）编辑软件和应用软件

　　C）数据库软件和工具软件 　　　　　　D）程序和数据

【答案】　A

【解析】　计算机软件系统包括系统软件和应用软件两大类。

12. WPS 2000、Word 97 等字处理软件属于（　　　）。

　　A）管理软件　　　　　　　　　　　　B）网络软件

　　C）应用软件　　　　　　　　　　　　D）系统软件

【答案】　C

【解析】　字处理软件属于应用软件一类。

13. 在 ASCII 码表中，按照 ASCII 码值从小到大排列顺序是（　　　）。

　　A）数字、英文大写字母、英文小写字母

　　B）数字、英文小写字母、英文大写字母

　　C）英文大写字母、英文小写字母、数字

　　D）英文小写字母、英文大写字母、数字

【答案】　A

【解析】　在 ASCII 码中，有 4 组字符：一组是控制字符，如 LF、CR 等，其对应 ASCII 码值最小；第 2 组是数字 0 ~ 9，第 3 组是大写字母 A ~ Z，第 4 组是小写字母 a ~ z。这 4 组对应的值逐渐变大。

14. 静态 RAM 的特点是（　　　）。

　　A）在不断电的条件下，信息在静态 RAM 中保持不变，故而不必定期刷新就能永久保存信息

　　B）在不断电的条件下，信息在静态 RAM 中不能永久无条件保持，必须定期刷新才不致丢失信息

　　C）在静态 RAM 中的信息只能读不能写

　　D）在静态 RAM 中的信息断电后也不会丢失

【答案】　A

【解析】　RAM 分为静态 RAM 和动态 RAM。前者速度快，集成度低，不用定期刷新；后者需要经常刷新，集成度高，速度慢。

15. CPU 的主要组成：运算器和（　　　）。

　　A）控制器　　　　B）存储器　　　　　　C）寄存器　　　　　　D）编辑器

【答案】　A

【解析】　CPU 即中央处理器，主要包括运算器（ALU）和控制器（CU）两大部件。

16. 高速缓冲存储器是为了解决（　　　）。

　　A）内存与辅助存储器之间速度不匹配问题

　　B）CPU 与辅助存储器之间速度不匹配问题

　　C）CPU 与内存储器之间速度不匹配问题

　　D）主机与外设之间速度不匹配问题

【答案】　C

【解析】　CPU 主频不断提高，对 RAM 的存取更快了，为协调 CPU 与 RAM 之间的速度差问题，设置了高速缓冲存储器（Cache）。

17. 以下哪一个是点阵打印机（　　　）。

　　A）激光打印机　　　　　　　　　　　B）喷墨打印机

　　C）静电打印机　　　　　　　　　　　D）针式打印机

【答案】 D

【解析】 针式打印机即点阵打印机，靠在脉冲电流信号的控制下，打印针击打的针点形成字符或汉字的点阵。

18. 下列关于计算机的叙述中，不正确的一条是（　　　）。

A）世界上第一台计算机诞生于美国，主要元件是晶体管

B）我国自主生产的巨型机代表是"银河"

C）笔记本计算机也是一种微型计算机

D）计算机的字长一般都是 8 的整数倍

【答案】 A

【解析】 世界上第一台计算机 ENIAC 于 1946 年诞生于美国宾夕法尼亚大学，主要的元件是电子管，这也是第一代计算机所采用的主要元件。

19. 下列关于计算机的叙述中，不正确的一条是（　　　）。

A）"裸机"就是没有机箱的计算机

B）所有计算机都是由硬件和软件组成的

C）计算机的存储容量越大，处理能力就越强

D）各种高级语言的翻译程序都属于系统软件

【答案】 A

【解析】 "裸机"是指没有安装任何软件的机器。

20. 下面设备中，既能向主机输入数据又能接收由主机输出数据的设备是（　　　）。

A）CD-ROM　　　　　　　　　　B）显示器

C）软磁盘存储器　　　　　　　　D）光笔

【答案】 C

【解析】 CD-ROM 和光笔只能向主机输入数据，显示器只能接收由主机输出的数据，软磁盘存储器是可读写的存储器，它既能向主机输入数据又能接收由主机输出的数据。

在线测试

第 4 部分

全国计算机等级考试模拟试题

计算机基础及 MS Office 应用上机真题（一）

一、选择题（20 分）

1. 下列设备中，完全属于输入设备的一组是（　　）。

   A）喷墨打印机、显示器、键盘

   B）扫描仪、键盘、鼠标器

   C）键盘、鼠标器、绘图仪

   D）打印机、键盘、显示器

2. 下列不属于计算机特点的是（　　）。

   A）存储程序控制，工作自动化

   B）具有逻辑推理和判断能力

   C）处理速度快，存储量大

   D）不可靠，故障率高

3. 下列叙述中，正确的是（　　）。

   A）一个字符的标准 ASCII 码占一个字节的存储量，其最高位二进制总为 0

   B）大写英文字母的 ASCII 码值大于小写英文字母的 ASCII 码值

   C）同一个英文字母（如字母 A）的 ASCII 码和它在汉字系统下的全角内码是相同的

   D）标准 ASCII 码表的每一个 ASCII 码在屏幕上显示成一个相应的字符

4. 计算机软件包括（　　）。

   A）程序、数据和相关文档

   B）操作系统和办公软件

   C）数据库管理系统和编译系统

   D）系统软件和应用软件

5. 按照数的进位制概念，下列各个数中正确的是（　　　）。

   A）1101
   B）7081
   C）1109
   D）b03a

6. 全拼或简拼汉字输入法的编码属于（　　　）。

   A）音码
   B）形声码
   C）区位码
   D）形码

7. 下列关于计算机病毒的叙述中，正确的是（　　　）。

   A）所有计算机病毒只在可执行文件中传染

   B）计算机病毒可通过读写移动硬盘或 Internet 网络进行传播

   C）只要把带病毒优盘设置成只读状态，那么此盘上的病毒就不会因读盘而传染给另一台计算机

   D）清除病毒的最简单的方法是删除已感染病毒的文件

8. 下列说法中，错误的是（　　　）。

   A）硬盘驱动器和盘片是密封在一起的，不能随意更换盘片

   B）硬盘可以是多张盘片组成的盘片组

   C）硬盘的技术指标除容量外，另一个是转速

   D）硬盘安装在机箱内，属于主机的组成部分

9. 下列叙述中，正确的是（　　　）。

   A）高级语言编写的程序的可移植性差

   B）机器语言就是汇编语言，无非是名称不同而已

   C）指令是由一串二进制 0、1 组成的

   D）用机器语言编写的程序可读性好

10. 下列存储器中，存取周期最短的是（　　　）。

    A）硬盘存储器　　　B）CD-ROM　　　C）DRAM　　　D）SRAM

11. 调制解调器（Modem）的主要技术指标是数据传速率，它的度量单位是（　　　）。

    A）MIPS　　　B）Mbps　　　C）dpi　　　D）KB

12. 下列各条中，对计算机操作系统的作用完整描述的是（　　　）。

    A）它是用户与计算机的界面

    B）它对用户存储的文件进行管理，方便用户

    C）它执行用户键入的各类命令

    D）它管理计算机系统的全部软、硬件资源，合理组织计算机的工作流程，以达到充分发挥计算机资源的效率，为用户提供使用计算机的友好界面

13. 已知汉字"中"的区位码是 5448，则其国标码是（　　　）。

    A）7468D　　　B）3630H　　　C）6862H　　　D）5650H

14. 下列关于 CD-R 光盘的描述中，错误的是（　　　）。

    A）只能写入一次，可以反复读出的一次性写入光盘

    B）可多次擦除型光盘

    C）用来存储大量用户数据的，一次性写入的光盘

    D）CD-R 是 Compact Disc Recordable 的缩写

15. 下列的英文缩写和中文名字的对照中，错误的是（ ）。

A）WAN——广域网

B）ISP——因特网服务提供商

C）USB——不间断电源

D）RAM——随机存取器

16. 下列叙述中，正确的是（ ）。

A）高级程序设计语言的编译系统属于应用软件

B）高速缓冲存储器（Cache）一般用 SRAM 来实现

C）CPU 可以直接存取硬盘中的数据

D）存储在 ROM 中的信息断电后会全部丢失

17. 下列度量单位中，用来度量计算机网络数据传输速率（比特率）的是（ ）。

A）MB/S
B）MIPS

C）GHz
D）Mbps

18. Pentium4 CPU 的字长是（ ）。

A）8 bits
B）16 bits

C）32 bits
D）64 bits

19. 十进制数 100 转换成无符号二进制整数是（ ）。

A）0110101
B）01101000

C）01100100
D）01100110

20. 在下列网络的传输介质中，抗干扰能力最好的一个是（ ）。

A）光纤
B）同轴电缆

C）双绞线
D）电话线

二、基本操作题

1. 将考试文件夹下 SEVEN 文件夹中的文件 SIXTY.WAV 删除。

2. 在考试文件夹下 WONDFUL 文件夹中建立一个新文件夹 ICELAND。

3. 将考试文件夹下 SPEAK 文件夹中的文件 REMOVE.xls 移动到考试文件夹下 TALK 文件夹中，并改名为 ANSWER.xls。

4. 将考试文件夹下 STREET 文件夹中的文件 AVENUE.obj 复制到考试文件夹下 TIGER 文件夹中。

5. 将考试文件夹下 MEAN 文件夹中的文件 REDHOUSE.bas 设置为隐藏属性。

三、字处理题

1. 在考试文件夹下，打开文档 WORD1.docx，按照要求完成下列操作并以该文件名（WORD1.docx）保存文档。

（1）将文中所有"通讯"替换为"通信"；将标题段文字（"60 亿人同时打电话"）设置为小二号蓝色（标准色）、黑体、加粗、居中，并添加黄色（标准色）底纹。

（2）将正文各段文字（"15 世纪末……绰绰有余。"）设置为四号楷体；各段落首行缩进 2 字符、段前间距 0.5 行；将正文第二段（"无线电短波通信……绰绰有余。"）中的两处"107"中的"7"设置为上标表示形式。将正文第二段（"无线电短波通信……绰绰有余。"）分为等宽的两栏。

（3）在页面顶端插入"奥斯汀"样式页眉，并输入页眉内容"通信知识"。在页面底端插入"普通数字 3"样式页码，设置页码编号格式为"Ⅰ,Ⅱ,Ⅲ,…"，起始页码为"Ⅲ"。

2. 在考试文件夹下，打开文档 WORD2.docx，按照要求完成下列操作并以该文件名（WORD2.docx）保存文档。

（1）计算表格二、三、四列单元格中数据的平均值并填入最后一行。按"基本工资"列升序排列表格前五行内容。

（2）设置表格居中，表格中的所有内容水平居中；设置表格各列列宽为 2.5 厘米、各行行高为 0.6 厘米；设置外框线为蓝色（标准色）0.75 磅双窄线、内框线为绿色（标准色）0.5 磅单实线。

四、电子表格题

1. 在考试文件夹下打开 EXCEL.xlsx 文件。

（1）将 sheet1 工作表的 A1：G1 单元格合并为一个单元格，内容水平居中；计算"月平均值"行的内容（数值型，保留小数点后 1 位）；计算"最高值"行的内容（三年中各月的最高值，利用 MAX 函数）。

（2）选取"月份"行（A2：G2）和"月平均值"行（A6：G6）数据区域的内容建立"带数据标记的折线图"，图表标题为"月平均降雪量统计图"；将图表移动到工作表的 A9：G23 单元格区域内，将工作表命名为"降雪量统计表"，保存 EXCEL.xlsx 文件。

2. 打开工作簿文件 EXC.xlsx，对工作表"产品销售情况表"内数据清单的内容按主要关键字"产品名称"的升序和次要关键字"分店名称"的升序进行排序，对排序后的数据进行分类汇总，分类字段为"产品名称"，汇总方式为"求和"，汇总项为"销售额（万元）"，汇总结果显示在数据下方，工作表名不变，保存 EXC.xlsx 工作簿。

五、演示文稿题

打开考试文件夹下的演示文稿 yswg.pptx，按照下列要求完成对此文稿的修饰并保存。

1. 使用"环保"主题修饰全文，设置放映方式为"观众自行浏览(窗口)"。

2. 在第一张幻灯片前插入一张版式为"标题幻灯片"的新幻灯片，主标题为"北京河北山东陕西等地 7 月 6 日最高气温将达 40 ℃"，副标题为"高温预警"。第二张幻灯片版式改为"两栏内容";标题为"高温黄色预警";将考试文件夹下图片 PPT1.png 移到右侧内容区;左侧文本设置为"黑体"、23 磅字;图片动画设置为"强调"→"陀螺旋",效果选项为"份量"→"半旋转"。在第三张幻灯片前插入版式为"标题和内容"的新幻灯片,标题为"高温防御指南";内容区插入 5 行 2 列的表格,表格样式为"中度样式 2"。第 1 行的 1、2 列内容依次为"有关单位和人员"和"高温防御措施",其他单元格的内容根据第四张幻灯片的内容按顺序依次从上到下填写,例如第 2 行的 1、2 列内容依次为"媒体"和"应加强防暑降温保健知识的宣传;"。表格内文字均设置为 22 磅字,并在备注区插入文本"全社会动员起来防御高温"。删除第四张幻灯片。

计算机基础及 MS Office 应用上机真题（二）

一、选择题（20 分）

1. 操作系统是计算机的软件系统中（　　　）。
   A）最常用的应用软件　　　　　　　B）最核心的系统软件
   C）最通用的专业软件　　　　　　　D）最流行的通用软件

2. KB（千字节）是度量存储器容量大小常用单位之一；等于（　　　）。
   A）1 000 个字节　　　　　　　　　B）1 024 个字节
   C）1 000 个二进位　　　　　　　　D）1 024 个字

3. 组成微机主机的硬件除 CPU 外，还有（　　　）。
   A）RAM　　　　　　　　　　　　　B）RAM、ROM 和硬盘
   C）RAM、ROM　　　　　　　　　　D）硬盘和显示器

4. 一个计算机操作系统通常应具有的功能模块是（　　　）。
   A）CPU 管理、显示器管理、键盘管理、打印机和鼠标管理等五大功能
   B）硬盘管理、软盘管理、CPU 管理、显示器管理和键盘管理等五大功能
   C）处理器（CPU）管理、存储管理、文件管理、输入/输出管理和任务管理五大功能
   D）计算机启动、打印、显示、文件存取和关机等五大功能

5. 在下列字符中，其 ASCII 码值最大的一个是（　　　）。
   A）空格字符　　　　　　　　　　　B）9
   C）Z　　　　　　　　　　　　　　D）a

6. 一个汉字的机内码与国标码之间的差别是（　　　）。
   A）前者各字节的最高二进制位的值均为 1，后者均为 0
   B）前者各字节的最高二进制位的值均为 0，后者均为 1
   C）前者各字节的最高二进制位的值均为 1、0，后者均为 0、1
   D）前者各字节的最高二进制位的值均为 0、1，后者均为 1、0

7. 下列各组软件中，全部属于应用软件的一组是（　　　）。
   A）Windows 2000，WPS Office 2003，Word 2000
   B）UNIX，VISUAL FOXPRO ，AUTOCAD
   C）MS-DOS，用友财务软件，学籍管理系统
   D）Word 2000，Excel 2000，金山词霸

8. 运算器（ALU）的功能（　　　）。
   A）只能进行逻辑运算　　　　　　　B）对数据进行算术运算或逻辑运算
   C）只能进行算术运算　　　　　　　D）做初等函数的计算

9. 汉字的区位码是由一个汉字在国际码表中的行号（即区位）和列号（即位号）组成的，正确的区号、位号的范围是（　　　）。

    A）区号 1 ~ 95，位号 1 ~ 95　　　　　　　B）区号 1 ~ 94，位号 1 ~ 94

    C）区号 0 ~ 94，位号 0 ~ 94　　　　　　　D）区号 0 ~ 95，位号 0 ~ 95

10. 把硬盘上的数据传送到计算机内存中去的操作称为（　　　）。

    A）读盘　　　　　　　　　　　　　　　　B）写盘

    C）输出　　　　　　　　　　　　　　　　D）存盘

11. 如果在一个非零无符号二进制整数后添加一个 0，则此数的值为原数的（　　　）。

    A）1/4　　　　　　　　　　　　　　　　　B）1/2

    C）2 倍　　　　　　　　　　　　　　　　　D）4 倍

12. 一个字长为 7 位的无符号二进制整数能表示的十进制数值范围是（　　　）。

    A）0 ~ 256　　　　　　　　　　　　　　　B）0 ~ 255

    C）0 ~ 128　　　　　　　　　　　　　　　D）0 ~ 127

13. 下列关于计算机病毒的说法中，正确的是（　　　）。

    A）计算机病毒是对计算机操作人员身体有害的生物病毒

    B）计算机病毒将造成计算机的永久物理损害

    C）计算机病毒是一种通过自我复制进行传染的，破坏计算机程序的数据的小程序

    D）计算机病毒是一种感染在 CPU 中的微生物病毒

14. 随机存取器（RAM）的最大特点是（　　　）。

    A）存储量极大，属于海量存储器

    B）存储在其中的信息可以永久保存

    C）一旦断电，存储在其上的信息将全部消失，且无法恢复

    D）在计算机中，只能用来存储数据

15. 无符号二进制整数 00110011 转换成十进制整数是（　　　）。

    A）48　　　　　　B）49　　　　　　C）51　　　　　　D）53

16. 十进制整数 75 转换成无符号的二进制整数是（　　　）。

    A）01000111　　　　　　　　　　　　　　B）01001011

    C）01011101　　　　　　　　　　　　　　D）01010001

17. 用户在 ISP 注册拨号入网后，其电子邮箱建在（　　　）。

    A）用户的计算机上　　　　　　　　　　　B）发件人的计算机上

    C）ISP 的邮件服务器上　　　　　　　　　D）收件人的计算机上

18. 计算机网络的目标是实现（　　　）。

    A）数据处理　　　　　　　　　　　　　　B）文献检索

    C）资源共享和信息传输　　　　　　　　　D）信息传输

19. 关于世界第一台电子计算机 ENIAC 叙述中，错误的是（　　　）。

    A）ENIAC 是 1946 年在美国诞生的

    B）它主要采用电子管和继电器

    C）它是首次采用存储程序和程序控制自动工作的电子计算机

    D）研制它的主要目的是用来计算弹道

20. 在标准 ASCII 码表中，已知英文字母 A 的 ASCII 码是 01000001，则英文字母 E 的 ASCII 码是（　　）。

　　A）01000011　　　　　　　　　　　B）01000100

　　C）01000101　　　　　　　　　　　D）01000010

二、基本操作题

1. 将考生文件夹下 FENG/WANG 文件夹中的文件 BOOK.prg 移动到考生文件夹下 CHANG 文件夹中，并将该文件改名为 TEXT.prg。

2. 将考生文件夹下 CHU 文件夹中的文件 JIANG.tmp 删除。

3. 将考生文件夹下 REI 文件夹中的文件 SONG.for 复制到考生文件夹下 CHENG 文件夹中。

4. 在考生文件夹下 MAO 文件夹中建立一个新文件夹 YANG。

5. 将考生文件夹下 ZHOU/DENG 文件夹中的文件 OWER.dbf 设置为隐藏属性。

三、字处理题

1. 在考生文件夹下，打开文档 WORD1.docx，按照要求完成下列操作并以该文件名（WORO1.docx）保存文档。

（1）将标题段文字（"赵州桥"）设置为红色（标准色）、二号、加粗、居中、字符间距加宽 4 磅，并添加黄色（标准色）底纹，底纹图案样式为"20%"、颜色为"自动"。

（2）将正文各段文字（"在河北省赵县……宝贵的历史遗产。"）设置为五号仿宋，各段落左右各缩进 2 字符，首行缩进 2 字符，行距设置为 1.25 倍行距；将正文第三段（"这座桥不但……真像活的一样。"）分为等宽的两栏，栏间距为 1.5 字符，栏间加分隔线。为正文中所有"赵州桥"一词添加波浪线下划线。

（3）设置页面颜色为"茶色，背景 2，深色 10%"，用考生文件夹下的"赵州桥.jpg"图片为页面设置图片水印。在页面底端插入"普通数字 3"样式页码，设置页码编号格式为"ⅰ，ⅱ，ⅲ,…"。

2. 在考生文件夹下，打开文档 WORD2.docx，按照要求完成下列操作并以该文件名（WORD2.docx）保存文档。

（1）设置表格居中，表格各行行高为 0.6 厘米；表格中第 1、2 行文字水平居中。其余各行文字中，第 1 列文字中部两端对齐，其余各列文字中部右对齐。

（2）在"合计（万台）"列的相应单元表格中，计算并填入左侧四列的合计数量，将表格后 4 行内容按"列 6"降序排序；设置外框线 1.5 磅红色（标准色）单实线，内框线为 0.75 磅蓝色（标准色）单实线，第 2、3 行间的内框线为 0.75 磅蓝色（标准色）双窄线。

四、电子表格题

打开工作簿文件 EXCEL.xlsx 文件；

1. 将工作表 sheetl 的 A1：D1 单元表格合并为一个单元格，内容水平居中；计算"总计"列的内容，将工作表格命名为"管理费用支出情况表"。复制该工作表为 sheetA 工作表。

2. 选取"管理费用支出情况表"的"年度"列和"总计"列的内容建立"三维柱形图"，图例靠左，图表标题为"管理费用支出情况图"，移到工作表的 A18：G33 单元区域内。

对"sheetA"工作表内数据清单的内容，按主要关键字"年度"的降序和次要关键字"房租（万元）"的降序进行排序。完成对各年度房租、水电的分类汇总，汇总结果显示在数据下方，工作表名不变，保存 EXCEL.xlsx 工作簿。

五、演示文稿题

打开考生文件夹下的演示文稿 yswg.pptx，按照下列要求完成对此文稿的修饰并保存。

1. 为整个演示文稿应用"水滴"主题，全部幻灯片切换方案为"随机线条"，效果选项为"水平"。

2. 将第二张幻灯片版式改为"两栏内容"，标题为"雅安市芦山县发生 7.0 地震"，将考生文件夹下图片 PPT1.png 插到右侧内容区。第一张幻灯片的版式改为"比较"，主标题为"过家门而不入"，右侧插入考生文件下的图片 PPT2.png，设置图片的"强调"动画效果为"放大/缩小"效果，选项为"份量"→"巨大"。在第一张幻灯片前插入版式为"空白"的新幻灯片，在位置（水平：4.5 厘米，自：左上角，垂直：7.3 厘米，自：左上角）插入样式为"填充：蓝色，主题色 1，阴影"的艺术字"英雄消防员——何伟"，艺术字文字效果为"转换"→"弯曲"→"槽形：上；山形：下"，艺术字大小为"36"。第一张幻灯片的背景为"紫色网格"纹理。将第二张幻灯片移至最后位置。

六、上网题

打开 Outlook，发送一封邮件。
地址：zhangsan@163.com；
主题：老同学；
正文：张三同学，好久不见，你现在怎么样？收到信后请回复。祝好！

计算机基础及 MS Office 应用上机真题（三）

一、选择题

1. 目前，在市场上销售的微型计算机中，标准的输入设备是（　　　）。
   A）键盘 + CD-ROM 驱动器
   B）鼠标器 + 键盘
   C）显示器 + 键盘
   D）键盘 + 扫描器

2. 下列关于计算机病毒的叙述中，正确的是（　　　）。
   A）反病毒软件可以查、杀任何种类的病毒
   B）计算机病毒发作后，将对计算机硬件造成永久性的物理损坏
   C）反病毒软件必须随着新病毒的出现而升级，提高查、杀病毒的功能
   D）感染过计算机病毒的计算机具有对该病毒的免疫性

3. 十进制数 111 转换成无符号二进制数是（　　　）。
   A）01100101
   B）01100111
   C）01101001
   D）01101111

4. 字长为 6 位的无符号二进制整数最大能表示的十进制整数是（　　　）。
   A）64　　　　　　B）32　　　　　　C）63　　　　　　D）31

5. 根据汉字国标 GB 2312—1980 的规定，1 KB 的存储容量能存储的汉字内码的个数是
（　　　）。
   A）128
   B）512
   C）256
   D）1024

6. 已知三个字符为：a、Z 和 8，按它们的 ASCII 码值排序，结果是（　　　）。
   A）8，a，Z
   B）a，Z，8
   C）a，8，Z
   D）8，Z，a

7. 计算机技术中，英文 CPU 的中文译名是（　　　）。
   A）控制器
   B）运算器
   C）中央处理器
   D）寄存器

8. 计算机技术中，下列度量存储器容量的单位中，最大的单位是（　　　）。
   A）KB　　　　　　B）MB　　　　　　C）Byte　　　　　　D）GB

9. 下列编码中，正确的汉字机内码是（　　　）。
   A）6EF6H
   B）FB6FH
   C）A3A3H
   D）C97CH

10. 计算机主要技术指标通常是指（　　　）。

　　A）所配备的系统软件的版本

　　B）CPU 的时钟频率和运算速度、字长、存储容量

　　C）显示器的分辨率、打印机的配置

　　D）硬盘容量的大小

11. Internet 提供的最常用、便捷的通信服务是（　　　）。

　　A）文件传输（FTP）　　　　　　　　B）远程登录（Telnet）

　　C）电子邮件（E-mail）　　　　　　　D）万维网（WWW）

12. 把高级语言编写的源程序转换为可执行程序（.exe），要经过的过程叫作（　　　）。

　　A）汇编和解释　　　　　　　　　　B）编译和连接

　　C）编辑和连接　　　　　　　　　　D）解释和编译

13. 英文缩写 CAI 的中文意思是（　　　）。

　　A）计算机辅助教学　　　　　　　　B）计算机辅助制造

　　C）计算机辅助设计　　　　　　　　D）计算机辅助管理

14. 操作系统管理用户数据的单位是（　　　）。

　　A）扇区　　　　　　　　　　　　　B）文件

　　C）磁道　　　　　　　　　　　　　D）文件夹

15. 在 CD 光盘上标记有 "CD-RW" 字样，此标记表明这光盘（　　　）。

　　A）只能写入一次，可以反复读出的一次性写入光盘

　　B）可多次擦除型光盘

　　C）只能读出，不能写入的只读光盘

　　D）RW 是 Read and Write 的缩写

16. 下列说法中，正确的是（　　　）。

　　A）软盘片的容量远远小于硬盘的容量

　　B）硬盘的存取速度比软盘的存取速度慢

　　C）U 盘的容量远大于硬盘的容量

　　D）软盘驱动器是唯一的外部存储设备

17. 无符号二进制整数 1000110 转换成十进制数是（　　　）。

　　A）68　　　　　　　B）70　　　　　　　C）72　　　　　　　D）74

18. 下列几组软件中，完全属于应用软件的一组是（　　　）。

　　A）UNIX，WPS Office 2003，MS-DOS

　　B）AutoCAD，Photoshop，PowerPoint 2000

　　C）Oracle，FORTRAN 编译系统，系统诊断程序

　　D）物流管理程序，Sybase，Windows 2000

19. 下列叙述中，错误的是（　　　）。

　　A）内存储器 RAM 中主要存储当前正在运行的程序和数据

　　B）高速缓冲存储器（Cache）一般采用 DRAM 构成

　　C）外部存储器（如硬盘）一般用来存储必须永久保存的程序和数据

　　D）存储在 RAM 中的信息会因断电而全部丢失

20. 用"综合数字业务网"（又称"一线通"）接入因特网的优点是上网通话两不误，它的英文缩写是（　　　）。

  A）ADSL   B）ISDN   C）ISP   D）TCP

二、基本操作题

1. 将考生文件夹下 DOCT 文件夹中的文件 CHARM.idx 复制到考生文件夹下 DEAN 文件夹中。

2. 将考生文件夹下 MICRO 文件夹中的文件夹 MACRO 设置为隐藏属性。

3. 将考生文件夹下 QIDONG 文件夹中的文件 WORD.doc 移动到考生文件夹下 EXCEL 文件夹中，并将该文件改名为 XINGAI.doc。

4. 将考生文件夹下 HULIAN 文件夹中的文件 TONGXIN.wri 删除。

5. 在考生文件夹下 TEDIAN 文件夹中建立一个新文件夹 YOUSHI。

三、字处理题

1. 将考生文件夹下，打开文档 WORD1.docx，按照要求完成下列操作并以该文件名（WORD1.docx）保存文档。

（1）将文中所有"通讯"替换为"通信"；将标题段文字（"60 亿人同时打电话"）设置为小二号蓝色（标准色）、黑体、加粗、居中，并添加黄色（标准色）底纹。

（2）将正文各段文字（"15 世纪末……绰绰有余。"）设置为四号楷体；各段落首行缩进 2 字符、段间间距 0.5 行；将正文第二段（"无线电短波通信……绰绰有余。"）中的两处"107"中的"7"设置为上标表示形式。将正文第二段（"无线电短波通信……绰绰有余。"）分为等宽的两栏。

（3）在页面顶端插入"奥斯汀"样式页眉，并输入页眉内容"通信知识"。在页面底端插入"普通数字 3"样式页码，设置页码编号格式为"Ⅰ,Ⅱ,Ⅲ,…",起始页码为"Ⅲ"。

2. 在考生文件夹下，打开文档 WORD2.docx，按照要求完成下列操作并以该文件名（WORD2.docx）保存文档。

（1）计算表格第二、三、四列单元表格中数据的平均值并填入最后一行。按"基本工资"列升序排列表格前五行内容。

（2）设置表格居中，表格中的所有表格内容水平居中；设置表格各列列宽为 2.5 厘米、各行行高为 0.6 厘米；设置外框线为蓝色（标准色）0.75 磅双窄线，内框线为绿色（标准色）0.5 磅单实线。

四、电子表格题

1. 打开工作簿文件 EXCEL.xlsx。

（1）将工作表 sheetl 的 A1：D1 单元格合并为一个单元表格，内容为水平居中，计算"增长比例"列的内容，增长比例=（当年销量－去年销量）/当年销量（百分比型，保留小数点后两位），利用"条件格式"将 D3：D19 区域设置为实心填充绿色（标准色）数据条。

（2）选取工作表的"产品名称"列和"增长比例"列的单元表格内容，建立"簇状柱形图"，图表标题为"产品销售情况图"，图例位于底部，插入表的 F2：L19 单元表格区域内，将工作表命名为"近两年销售情况表"。

2. 打开工作簿文件 EXC.xlsx，对工作表"产品销售情况调查表"内数据清单的内容按主要关键字"季度"升序，次要关键字"销售额（万元）"降序进行排序，对排序后的数据进行分类汇总，分类字段为"季度"，汇总方式为"求和"，汇总项为"销售额（万元）"，汇总结果显示在数据下方，工作表名不变，保存 EXC.xlsx 工作簿。

五、演示文稿题

打开考生文件夹下的演示文稿 yswg.pptx，按照下列要求完成此文稿的修饰并保存。

1. 为整个演示文稿应用"回顾"主题，放映方式为"观众自行浏览(窗口)"。

2. 在第一张幻灯片前插入版式为"标题和内容"的新幻灯片，标题为"圆明园名字的来历"，内容区插入 3 行 2 列表格，表格样式为"深色样式 2"，第 1 行第 1、2 列内容依次为"说法"和"具体内容"，第 1 列第 2、3 行字体依次为"'园明'文字含义"和"佛号"，参照第二张幻灯片的内容，将"圆而入神，君子之时中也；明而普照，达人之睿智也。"和"雍正皇帝崇信佛教，号'园明居士'"填入表格适当单元格，表格文字全部设置为 35 磅字。第三张幻灯片版式改为"两栏内容"，将考生文件夹下的图片文件 ppt1.jpeg 插入第三张幻灯片右侧的内容区，左侧文字动画设置为"进入/弹跳"。使第三张幻灯片成为第一张幻灯片。删除第三张幻灯片。

六、上网题

打开 Outlook，接收来自张老师的邮件，并将邮件转发给同学丁丁和张欣。他们的 Email 地址分别是 ding_ding@sina.com 和 zhangxin123456@sina.com。并在正文内容中加上"请务必仔细阅读有关通知，并转达通知内容给同宿舍的同学，收到请回复！"。

附录 1

全国计算机等级考试一级 MS Office 考试大纲（2018 年版）

基本要求

1. 具有微型计算机的基础知识（包括计算机病毒的防治常识）。

2. 了解微型计算机系统的组成和各部分的功能。

3. 了解操作系统的基本功能和作用，掌握 Windows 的基本操作和应用。

4. 了解文字处理的基本知识，熟练掌握文字处理 MS Word 的基本操作和应用，熟练掌握一种汉字（键盘）输入方法。

5. 了解电子表格软件的基本知识，掌握电子表格软件 Excel 的基本操作和应用。

6. 了解多媒体演示软件的基本知识，掌握演示文稿制作软件 PowerPoint 的基本操作和应用。

7. 了解计算机网络的基本概念和因特网（Internet）的初步知识，掌握 IE 浏览器软件和 Outlook Express 软件的基本操作和使用。

考试内容

一、计算机基础知识

1. 计算机的发展、类型及其应用领域。

2. 计算机中数据的表示、存储与处理。

3. 多媒体技术的概念与应用。

4. 计算机病毒的概念、特征、分类与防治。

5. 计算机网络的概念、组成和分类；计算机与网络信息安全的概念和防控。

6. 因特网网络服务的概念、原理和应用。

➤ **专家解读**

考查题型：选择题。

选择题主要考查考生对计算机基础知识的了解，此部分出题范围广，在选择题中所占的比重比较大，需要考生全面复习常用的计算机知识。

二、操作系统的功能和使用

1. 计算机软、硬件系统的组成及主要技术指标。

2. 操作系统的基本概念、功能、组成及分类。

3. Windows 操作系统的基本概念和常用术语，文件、文件夹、库等。

4. Windows 操作系统的基本操作和应用：

（1）桌面外观的设置，基本的网络配置。

（2）熟练掌握资源管理器的操作与应用。

（3）掌握文件、磁盘、显示属性的查看、设置等操作。

（4）中文输入法的安装、删除和选用。

（5）掌握检索文件、查询程序的方法。

（6）了解软、硬件的基本系统工具。

➤ **专家解读**

考查题型：选择题和 Windows 基本操作题。

选择题主要考查计算机软、硬件系统和操作系统的相关知识。Windows 基本操作题主要考查文件和文件夹的创建、移动、复制、删除、更名、查找及属性的设置。

三、文字处理软件的功能和使用

1. Word 的基本概念，Word 的基本功能和运行环境，Word 的启动和退出。

2. 文档的创建、打开、输入、保存等基本操作。

3. 文本的选定、插入与删除、复制与移动、查找与替换等基本编辑技术；多窗口和多文档的编辑。

4. 字体格式设置、段落格式设置、文档页面设置、文档背景设置和文档分栏等基本排版技术。

5. 表格的创建、修改；表格的修饰；表格中数据的输入与编辑；数据的排序和计算。

6. 图形和图片的插入；图形的建立和编辑；文本框、艺术字的使用和编辑。

7. 文档的保护和打印。

考查题型：字处理题。

字处理题主要考查文档格式及表格格式的设置。表格的设置包括表格的建立，行列的添加、删除，单元格的拆分、合并，表格属性的设置。表格数据的处理包括输入数据及数据格式的设置、排序与计算。

四、电子表格软件的功能和使用

1. 电子表格的基本概念和基本功能，Excel 的基本功能、运行环境、启动和退出。

2. 工作簿和工作表的基本概念和基本操作，工作簿和工作表的建立、保存和退出；数据输入和编辑；工作表和单元格的选定、插入、删除、复制、移动；工作表的重命名和工作表窗口的拆分和冻结。

3. 工作表的格式化，包括设置单元格格式、设置列宽和行高、设置条件格式、使用样式、自动套用模式和使用模板等。

4. 单元格绝对地址和相对地址的概念，工作表中公式的输入和复制，常用函数的使用。

5. 图表的建立、编辑和修改以及修饰。

6. 数据清单的概念，数据清单的建立，数据清单内容的排序、筛选、分类汇总，数据合并，数据透视表的建立。

7. 工作表的页面设置、打印预览和打印，工作表中链接的建立。

8. 保护和隐藏工作簿和工作表。

➤ **专家解读**

考查题型：电子表格题。

电子表格题主要考查工作表和单元格的插入、复制、移动、更名和保存，单元格格式的设置，在工作表中插入公式，常用函数的使用，数据的排序、筛选及分类汇总，图表的创建及其格式的设置。

五、PowerPoint 的功能和使用

1. 中文 PowerPoint 的功能、运行环境、启动和退出。

2. 演示文稿的创建、打开、关闭和保存。

3. 演示文稿视图的使用，幻灯片基本操作（版式、插入、移动、复制和删除）。

4. 幻灯片基本制作（文本、图片、艺术字、形状、表格等插入及其格式化）。

5. 演示文稿主题选用与幻灯片背景设置。

6. 演示文稿放映设计（动画设计、放映方式、切换效果）。

7. 演示文稿的打包和打印。

➤ **专家解读**

考查题型：演示文稿题。

演示文稿题主要考查幻灯片的创建、插入、移动和删除，幻灯片字符和格式的设置，文

字、图片、艺术字、表格及图表的插入，超链接的设置，幻灯片主题选用及背景设置，幻灯片版式、应用设计模板的设置，幻灯片切换、动画效果及放映方式的设置。

六、因特网（Internet）的初步知识和应用

1. 了解计算机网络的基本概念和因特网的基础知识，主要包括网络硬件和软件，TCP/ IP 协议的工作原理，以及网络应用中常见的概念，如域名、IP 地址、DNS 服务等。

2. 能够熟练掌握浏览器、电子邮件的使用和操作。

➢ **专家解读**

考查题型：选择题和上网题。

选择题主要考查计算机网络的概念和分类，因特网的概念及接入方式，TCP/IP 协议的工作原理，域名、IP 地址、DNS 服务的概念等。上网题主要考查网页的浏览、保存，电子邮件的发送、接收、回复、转发以及附件的收发和保存。

考试方式

上机考试，考试时长 90 分钟，满分 100 分。

1. 题型及分值

单项选择题（计算机基础知识和网络的基本知识）　20 分；

Windows 操作系统的使用　10 分；

Word 操作　25 分；

Excel 操作　20 分；

PowerPoint 操作　15 分；

浏览器（IE）的简单使用和电子邮件收发　10 分。

2. 考试环境

操作系统：中文版 Windows 7；

考试环境：Microsoft Office 2010。

全国计算机等级考试一级 MS Office
考试大纲（最新版）

附录 2

全国计算机等级考试二级公共基础知识考试大纲（2020 年版）

基本要求

1. 掌握计算机系统的基本概念，理解计算机硬件系统和计算机操作系统。
2. 掌握算法的基本概念。
3. 掌握基本数据结构及其操作。
4. 掌握基本排序和查找算法。
5. 掌握逐步求精的结构化程序设计方法。
6. 掌握软件工程的基本方法，具有初步应用相关技术进行软件开发的能力。
7. 掌握数据库的基本知识，了解关系数据库的设计。

考试内容

一、计算机系统

1. 掌握计算机系统的结构。
2. 掌握计算机硬件系统结构，包括 CPU 的功能和组成，存储器分层体系，总线和外部设备。
3. 掌握操作系统的基本组成，包括进程管理、内存管理、目录和文件系统、I/O 设备管理。

二、基本数据结构与算法

1. 算法的基本概念；算法复杂度的概念和意义（时间复杂度与空间复杂度）。

2. 数据结构的定义；数据的逻辑结构与存储结构；数据结构的图形表示；线性结构与非线性结构的概念。

3. 线性表的定义；线性表的顺序存储结构及其插入与删除运算。

4. 栈和队列的定义；栈和队列的顺序存储结构及其基本运算。

5. 线性单链表、双向链表与循环链表的结构及其基本运算。

6. 树的基本概念；二叉树的定义及其存储结构；二叉树的前序、中序和后序遍历。

7. 顺序查找与二分法查找算法；基本排序算法（交换类排序，选择类排序，插入类排序）。

三、程序设计基础

1. 程序设计方法与风格。

2. 结构化程序设计。

3. 面向对象的程序设计方法，对象，方法，属性及继承与多态性。

四、软件工程基础

1. 软件工程基本概念，软件生命周期概念，软件工具与软件开发环境。

2. 结构化分析方法，数据流图，数据字典，软件需求规格说明书。

3. 结构化设计方法，总体设计与详细设计。

4. 软件测试的方法，白盒测试与黑盒测试，测试用例设计，软件测试的实施，单元测试、集成测试和系统测试。

5. 程序的调试，静态调试与动态调试。

五、数据库设计基础

1. 数据库的基本概念：数据库，数据库管理系统，数据库系统。

2. 数据模型，实体联系模型及 E-R 图，从 E-R 图导出关系数据模型。

3. 关系代数运算，包括集合运算及选择、投影、连接运算，数据库规范化理论。

4. 数据库设计方法和步骤：需求分析、概念设计、逻辑设计和物理设计的相关策略。

考试方式

1. 公共基础知识不单独考试，与其他二级科目组合在一起，作为二级科目考核内容的一部分。

2. 上机考试，10 道单项选择题，占 10 分。

全国计算机等级考试二级公共基础知识
考试大纲（最新版）

附录 3

全国计算机等级考试二级 MS Office 高级应用考试大纲（2018 年版修订版）

基本要求

1. 正确采集信息并能在文字处理软件 Word、电子表格软件 Excel、演示文稿制作软件 PowerPoint 中熟练应用。
2. 掌握 Word 的操作技能，并熟练应用编制文档。
3. 掌握 Excel 的操作技能，并熟练应用进行数据计算及分析。
4. 掌握 PowerPoint 的操作技能，并熟练应用制作演示文稿。

考试内容

一、Microsoft Office 应用基础

1. Office 应用界面使用和功能设置。
2. Office 各模块之间的信息共享。

二、Word 的功能和使用

1. Word 的基本功能，文档的创建、编辑、保存、打印和保护等基本操作。
2. 设置字体和段落格式、应用文档样式和主题、调整页面布局等排版操作。
3. 文档中表格的制作与编辑。

4. 文档中图形、图像（片）对象的编辑和处理，文本框和文档部件的使用，符号与数学公式的输入与编辑。

5. 文档的分栏、分页和分节操作，文档页眉、页脚的设置，文档内容引用操作。

6. 文档审阅和修订。

7. 利用邮件合并功能批量制作和处理文档。

8. 多窗口和多文档的编辑，文档视图的使用。

9. 分析图文素材，并根据需求提取相关信息引用到 Word 文档中。

三、**Excel** 的功能和使用

1. Excel 的基本功能，工作簿和工作表的基本操作，工作视图的控制。

2. 工作表数据的输入、编辑和修改。

3. 单元格格式化操作、数据格式的设置。

4. 工作簿和工作表的保护、共享及修订。

5. 单元格的引用、公式和函数的使用。

6. 多个工作表的联动操作。

7. 迷你图和图表的创建、编辑与修饰。

8. 数据的排序、筛选、分类汇总、分组显示和合并计算。

9. 数据透视表和数据透视图的使用。

10. 数据模拟分析和运算。

11. 宏功能的简单使用。

12. 获取外部数据并分析处理。

13. 分析数据素材，并根据需求提取相关信息引用到 Excel 文档中。

四、**PowerPoint** 的功能和使用

1. PowerPoint 的基本功能和基本操作，演示文稿的视图模式和使用。

2. 演示文稿中幻灯片的主题设置、背景设置、母版制作和使用。

3. 幻灯片中文本、图形、SmartArt、图像（片）、图表、音频、视频、艺术字等对象的编辑和应用。

4. 幻灯片中对象动画、幻灯片切换效果、链接操作等交互设置。

5. 幻灯片放映设置，演示文稿的打包和输出。

6. 分析图文素材，并根据需求提取相关信息引用到 PowerPoint 文档中。

考试方式

上机考试，考试时长 120 分钟，满分 100 分。

1. 题型及分值

单项选择题 20 分（含公共基础知识部分 10 分）；

Word 操作 30 分；

Excel 操作 30 分；

PowerPoint 操作 20 分。

2. 考试环境

操作系统：中文版 Windows7。

考试环境：Microsoft Office 2010。

全国计算机等级考试二级 MS Office 高级应用
考试大纲（最新版）

附录 4

全国计算机等级考试指导

1. 硬件环境

PC 兼容机，硬盘剩余空间 10GB 或以上。

2. 软件环境

操作系统：中文版 Windows 7。
应用软件：中文版 Office 2016。

3. 考试题型及分值

计算机基础及 MS Office（一级）考试满分 100 分，共有六种考试题型，即选择题（20分）、Windows 系统的使用和基本操作（10 分）、Word 字处理软件的使用（25 分）、Excel 电子表格软件的使用（20 分）和 PowerPoint 演示文稿软件的使用（15 分）、Internet 网络使用（10 分）。

4. 考试系统操作步骤

（1）启动考试系统。双击桌面上的"考试系统"快捷方式，考试系统将显示登录界面，如附图 4.1 所示。然后单击"开始登录"按钮进入准考证号登录验证状态，屏幕显示界面如附图 4.2 所示。考生输入自己的准考证号（必须是满 16 位的数字），然后单击"登录"按钮，即可出现如附图 4.3 所示的界面。

（2）由考生核对自己的姓名和身份证号，如果发现不符则单击"重输考号"按钮，则重新输入准考证号。如果输入的准考证号核对后相符，则单击"开始考试"按钮，接着考试系统进行一系列处理后将随机生成一份试卷。

附图 4.1　登录界面

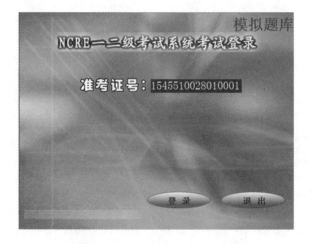

附图 4.2　准考证号登录验证状态

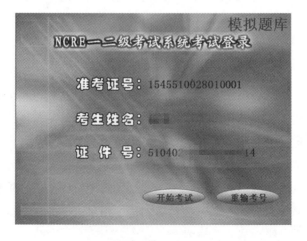

附图 4.3　登录

（3）当考试系统抽取试题成功后，屏幕上会显示考试须知，考生只需勾选"已阅读"前面的小方块后，表明已仔细阅读了考生须知，方能单击"开始答题并计时"按钮开始考试并进行计时，如附图 4.4 所示。

附图 4.4　开始考试并计时

（4）在系统登录完成后，系统为考生抽取一套完整的试题。系统环境也有了一定的变化，考试系统将自动在屏幕中间生成装载试题内容查阅工具的考试窗口，并始终在屏幕顶部显示考生的准考证号、姓名、考试剩余时间以及可以随时显示或隐藏试题内容查阅工具和退出考试系统进行交卷的按钮窗口。

（5）在考试窗口中单击"选择题""基本操作""字处理""电子表格""演示文稿"和"上网"按钮，可以分别查看各个题型的题目要求，如附图 4.5 所示。

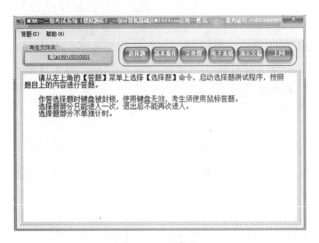

附图 4.5　考试窗口

（6）当考生单击"选择题"按钮时，系统将显示做选择题的注意事项，此时，请考生在"答题"菜单上选择"选择题"命令进行选择题答题；当考生单击"基本操作"按钮时，系统将显示 Windows 基本操作试题，此时，请考生在"答题"菜单上选择"基本操作"命令，然后再根据屏幕显示的试题内容进行操作。

（7）当考生单击"字处理"按钮时，系统将显示字处理操作题，此时考生在"答题"菜单上选择"字处理"命令时，它又会根据字处理操作题的要求自动产生一个下拉菜单，如附图4.6所示，这个下拉菜单的内容就是字处理操作题中所有要生成的 Word 文件名加"未做过"或"已做过"文字，其中"未做过"表示考生对这个 Word 文档没有进行任何保存；"已做过"表示考生对这个 Word 文档进行过保存。考生可根据自己的需要单击这个下拉菜单的某行内容（即某个要生成的 Word 文件名），系统将自动进入该系统，再根据试题内容的要求对文档进行操作，然后将该文档存盘。

注意： 考生在单击"电子表格"或"演示文稿"按钮时，也需要按照上述操作步骤进行。

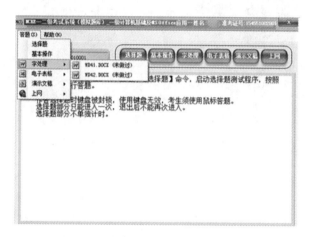

附图4.6 下拉菜单

（8）当考生单击"上网"按钮时，系统将显示上网操作题，请在"答题"菜单上选择"上网"→"Internet Explorer 仿真"命令，打开 IE 浏览器后根据题目要求完成浏览页面的操作。如果上网题中有收发电子邮件的题目，请在"答题"菜单上选择"上网"→"Outlook Express 仿真"命令，打开 Outlook Express 后根据题目完成收发电子邮件的操作。

（9）最后，如果考生要结束考试，则请在屏幕顶部的查阅工具中，单击"交卷"按钮。考试系统将显示是否要交卷处理的提示框，此时考生如果选择"确定"按钮，则退出考试系统并锁住屏幕进行交卷处理。

注意：

① 考生所有的答题均在考生文件夹下完成。考生在考试过程中，一旦发现不在考生文件夹中时，应及时返回到考生文件夹下。在答题过程中，允许考生自由选择答题顺序，中间可以退出并允许考生重新答题。

② 在作答选择题时键盘被封锁，使用键盘无效，考生须使用鼠标答题。选择题部分只能进入一次，退出后不能再次进入。选择题部分不单独计时。

③ 当考生在考试时遇到死机等意外情况（即无法进行正常考试时），考生应向监考人员说明情况，由监考人员确认是非人为造成死机时，方可进行二次登录。

附录 5

全国计算机等级考试简介

1. 什么是全国计算机等级考试？

全国计算机等级考试（National Computer Rank Examination，NCRE），是经原国家教育委员会（现教育部）批准，由教育部考试中心主办，面向社会，用于考查应试人员计算机应用知识与技能的全国性计算机水平考试体系。

2. 举办 NCRE 的目的是什么？

计算机技术的应用在各个领域发展迅速，许多单位、部门已把掌握一定的计算机知识和应用技能作为人员聘用、职务晋升、职称评定、上岗资格的重要依据之一。

3. NCRE 的证书如何构成？

NCRE 证书的构成如附图 5.1 所示。

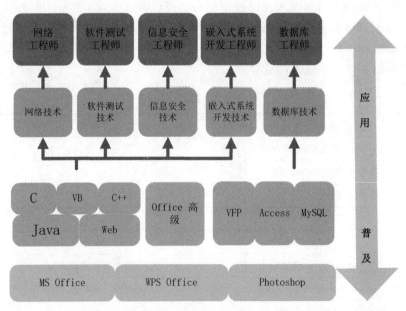

附图 5.1　NCRE 证书的构成

4. NCRE 证书获得者具备什么样的能力，可以胜任什么工作？

NCRE 合格证书式样按国际通行证书式样设计，用中、英两种文字书写，证书编号全国统一，证书上印有持有人身份证号码。该证书全国通用，是持有人计算机应用能力的证明，也可供用人部门录用和考核工作人员时参考。

一级证书表明持有人具有计算机的基础知识和初步应用能力，掌握 Office 办公自动化软件的使用及因特网应用，或掌握基本图形图像工具软件（Photoshop）的基本技能，可以从事政府机关、企事业单位文秘和办公信息化工作。

二级证书表明持有人具有计算机基础知识和基本应用能力，能够使用计算机高级语言编写程序，可以从事计算机程序的编制、初级计算机教学培训以及企业中与信息化有关的业务和营销服务工作。

三级证书表明持有人初步掌握与信息技术有关岗位的基本技能，能够参与软硬件系统的开发、运维、管理和服务工作。

四级证书表明持有人掌握从事信息技术工作的专业技能，并有系统的计算机理论知识和综合应用能力。

5. NCRE 各级别、科目证书获证的条件是什么？

一级和二级科目只需成绩达到合格线，即可获得相应证书。

三级获证条件：成绩达到合格线，并已经（或同时）获得二级相关证书。三级数据库技术证书要求已经（或同时）获得二级数据库程序设计类证书；网络技术、软件测试技术、信息安全技术、嵌入式系统开发技术等四个证书要求已经（或同时）获得二级语言程序设计类证书。

四级获证条件：成绩达到合格线，并已经（或同时）获得三级相关证书。

注意：四级科目由五门专业基础课程中指定的两门课程组成（总分 100 分，两门课程各占 50 分），专业基础课程是计算机专业核心课程，包括操作系统原理、计算机组成与接口、计算机网络、数据库、软件工程。

NCRE 各级别、科目获证条件见附表 5.1。

附表 5.1　NCRE 各级别、科目获证条件

级别	证书种类		获证条件
一级	计算机基础及 WPS Office 应用		科目 14 考试合格
	计算机基础及 MS Office 应用		科目 15 考试合格
	计算机基础及 Photoshop 应用		科目 16 考试合格
二级	语言程序设计类	C 语言程序设计	科目 24 考试合格
		VB 语言程序设计	科目 26 考试合格
		Java 语言程序设计	科目 28 考试合格
		C＋＋语言程序设计	科目 61 考试合格
		Web 程序设计	科目 64 考试合格

级别	证书种类		获证条件
二级	数据库程序设计类	VFP 数据库程序设计	科目 27 考试合格
		Access 数据库程序设计	科目 29 考试合格
		MySQL 数据库程序设计	科目 63 考试合格
	办公软件	MS Office 高级应用	科目 65 考试合格
三级	网络技术		获得二级语言程序设计类证书，三级科目 35 考试合格
	数据库技术		获得二级数据库程序设计类证书，三级科目 36 考试合格
	软件测试技术		获得二级语言程序设计类证书，三级科目 37 考试合格
	信息安全技术		获得二级语言程序设计类证书，三级科目 38 考试合格
	嵌入式系统开发技术		获得二级语言程序设计类证书，三级科目 39 考试合格
四级	网络工程师		获得三级科目 35 证书，四级科目 41 考试合格
	数据库工程师		获得三级科目 36 证书，四级科目 42 考试合格
	软件测试工程师		获得三级科目 37 证书，四级科目 43 考试合格
	信息安全工程师		获得三级科目 38 证书，四级科目 44 考试合格
	嵌入式系统开发工程师		获得三级科目 39 证书，四级科目 45 考试合格

6. 如何计算成绩？是否有合格证书？

NCRE 考试实行百分制计分，但以等第通知考生成绩。等第共分优秀、及格、不及格三等。90 ~ 100 分为优秀、60 ~ 89 分为及格、0 ~ 59 分为不及格。

成绩在及格以上者，由教育部考试中心颁发合格证书。成绩优秀者，合格证书上会注明优秀字样。对四级科目，只有所含两门课程分别达到 30 分，该科才算合格。

7. 成绩与证书何时下发？

一般在考后 30 个工作日内由教育部考试中心将成绩处理结果下发给各省级承办机构。考后 45 个工作日教育部考试中心将证书发给各省级承办机构，然后由各省级承办机构逐级转发给考生。考后 50 个工作日，考生可有两种方式登录查询：

方式一：登录教育部考试中心综合查询网（chaxun.neea.edu.cn）进行成绩查询。

方式二：四川机电职业技术学院成绩查询请登录 http://www.scemi.com/ 中的"综合查询"。

8. 证书丢失了怎么办？

考生证书丢失后，可登录教育部考试中心综合查询网（chaxun.neea.edu.cn）补办合格证明书。补办合格证明书收费 21 元，其中制证、邮寄费用 20 元，银行收取手续费 1 元。

9. NCRE 每年考几次？什么时候考试？什么时候报名？

NCRE 每年开考两次，考试时间为每年 3 月和 9 月，见附表 5.2。

附表 5.2　考试时间

考试日期	3 月倒数第一个周六	9 月倒数第二个周六
级别	NCRE-1～4 级	NCRE-1～4 级

注：具体考试日期以教育部考试中心下发文件为准。

学生参加 NCRE 需提前报名，我院学生如果要参加秋季考试，须在 4 月底或 5 月初开始报名；如果参加春季考试须在上年的 11 月份参加报名。报名的具体时间学院将会下发相关通知，报名以班级为单位，由本班的学习委员收齐费用后，交学院财务处。学生报名时，需正确填写本人的学号、姓名和科目名称。需要注意的是，报名时间一定要在规定的时间内进行，一般会在正式考试日期之前两个多月就会截止报名。

10. 考生一次可以报考几个科目？

2013 版体系下，考生可根据自己的实际情况选择参加一个或几个级别的考试，具体请咨询本省级机构的相关要求。三四两个级别的成绩可保留一次。报考多个科目时需咨询考点，避免考场安排时冲突。如考生同时报考了二级 C、三级网络技术、四级网络工程师三个科目，结果通过了三级网络技术、四级网络工程师考试，但没有通过二级 C 考试，将不颁发任何证书，三级网络技术、四级网络工程师两个科目成绩，保留一次。下一次考试考生报考二级 C 并通过，将一次获得三个级别的证书；若没有通过二级 C，将不能获得任何证书。同时，三级网络技术、四级网络工程师两个科目成绩自动失效。

11. 网上怎么样查询成绩证书？

为方便考生查询和用人单位鉴别证书真伪，考试中心已经开通 NCRE 网上成绩查询和证书查询功能。

查询网址：http://chaxun.neea.edu.cn/examcenter/main.jsp

12. 我校学生如果已参加了两次或以上 NCRE 仍没有通过但又急于离校怎么办？

根据学院"川机电教务处〔2014〕03 号"文件，我院高职学生毕业时要求获得全国计算机等级考试证书，方能取得毕业证书，但同时又规定参加并通过全国信息技术应用培训教育工程 ITAT 和全国计算机信息高新技术考试的，经学院审核认定后，其考试合格证书等同于全国计算机等级考试证书。关于全国信息技术应用培训教育工程 ITAT 和全国计算机信息高新技术考试的详细内容见附录 6、附录 7。

13. 我院证书与毕业资格是怎么规定的？

学院川机电教务处〔2014〕03 号文件规定："高职学生毕业时，除专业教学计划规定的必修和选修课程全部合格外，专业技能证、计算机等级、英语等级考试成绩还需合格，方能取得毕业证书。"

附录 6

全国信息技术应用培训教育工程
（ITAT 教育工程）简介

全国信息技术应用培训教育工程（简称 ITAT 教育工程），是教育部教育管理信息中心于 2000 年 5 月 26 日启动的一项面向全国的普及性实用信息技术人才培养工程。通过与 IT 各领域优秀企业进行积极合作，深入发掘 IT 技术的典型应用和最新进展，建立了集培训、考试和认证于一体的采用开放式的认证体系。ITAT 教育工程的认证和培训项目包括单科、工程师和高级工程师三个级别。

ITAT 教育工程主要面向全国各类大、中专院校在校生和希望就职于 IT 及相关行业的社会人员，通过建立遍布全国的授权培训基地，使学生通过专业、系统的培训，掌握就业必备的 IT 知识与技能，提升就业竞争力。通过认证考试的学员，可以获得由教育部教育管理信息中心颁发的 ITAT 技能认证证书。目前，工程已在全国各级各类院校、社会力量办学单位及企业中建立了 400 多家培训机构，培训规模超过 460 万人次，考试认证超过 116 万人次，为国家培养了大批的实用型信息技术人才。

全国 ITAT 教育工程认证课程体系见附表 6.1。

附表 6.1　全国 ITAT 教育工程认证课程体系

类别	课程名称	所获学分
办公应用	Word 办公应用（高级）	3
	Excel 办公应用（高级）	3
	PowerPoint 办公应用（高级）	3
软件开发	Access（高级）	3
数字艺术	Photoshop 平面设计（高级）	3

附录 7

全国计算机信息高新技术考试简介

全国计算机信息高新技术考试是根据劳动部发〔1996〕19号《关于开展计算机信息高新技术培训考核工作的通知》文件，由劳动和社会保障部职业技能鉴定中心统一组织的计算机及信息技术领域新职业国家考试。

劳动部劳培司字〔1997〕63号《关于在全国开展计算机信息高新技术考试扩大试工作的通知》文件明确指出，参加培训并考试合格者由劳动部职业技能鉴定中心统一核发全国计算机信息高新技术考试合格证书。该证书作为反映计算机操作技能水平的基础性职业资格证书，在要求计算机操作能力并实行岗位准入控制的相应职业作为上岗证；在其他就业和职业评聘领域作为计算机相应操作能力的证明。通过计算机信息高新技术考试，获得操作员、高级操作员资格者，分别视同于中华人民共和国中级、高级技术等级，其使用及待遇参照国家相应规定执行；获得操作师、高级操作师资格者，参加技师、高级技师技术职务评聘时分别作为其专业技能的依据。

劳社鉴发〔2004〕18号文件中，又进一步明确"全国计算机信息高新技术考试作为国家职业鉴定工作和职业资格证书制度的有机组成部分"。

计算机信息高新技术考试面向各类院校学生和社会劳动者，重点测评考生掌握计算机各类实际应用技能的水平。

计算机信息高新技术考试等级及学分见附表7.1。

附表 7.1　计算机信息高新技术考试等级及学分

序号	级别	类别	与国家职业资格对应关系	所获学分
1	高级操作员级	办公软件应用	国家职业资格三级	4
2	高级操作员级	局域网管理	国家职业资格三级	4
3	高级操作员级	图形图像处理 CorelDRAW 平台	国家职业资格三级	4
4	高级操作员级	图形图像处理 Photoshop 平台	国家职业资格三级	4
5	操作员级	图形图像处理 CorelDRAW 平台	国家职业资格四级	3
6	操作员级	图形图像处理 Photoshop 平台	国家职业资格四级	3
7	操作员级	办公软件应用	国家职业资格四级	3

参考文献

[1] 王成虎，秦立萍，等. 计算机基础上机实训与习题集[M]. 北京：地质出版社，2007.

[2] 袁晓红，黄瑜，唐伟奇，等. 计算机文化基础实验指导与测试题解[M]. 北京：中国水利水电出版社，2001.

[3] 教育部考试中心. 全国计算机等级考试一级 B 教程[M]. 2008 年版. 北京：高等教育出版社，2008.